원룸에서 우주를 보다

원룸에서 우주를 보다

구보 유키 지음
곽범신 옮김

반니

"서로를 좀 더 소중히 대할 것,
우리가 아는 유일한 고향인 '창백한 푸른 점'을 지켜나가는 것,
내게는 그것이 우리의 유일한 책임처럼 느껴진다."

_칼 세이건, 《창백한 푸른 점Pale Blue Dot》

시작하며

    아득히 멀리 떨어진 별에 사는 외계인들에게도 삶이 있으리라.

    그 외계인은 초록색 피부에 평균 신장이 3m일지도 모른다. 아마 그들도 파자마 차림에 몰래 쓰레기를 버리러 갈 때가 있을 테고, 공과금 납부를 미루거나 절대 버리면 안 되는 보증서를 실수로 버리는 경우도 있을 것이다. 그들이 사는 별에는 산소가 거의 없을지도 모르고, 낮에 하늘을 향해 고개를 들어보면 연분홍색의 하늘이 보일지도 모르고, 밤하늘에는 달이 두 개나 떠 있을지도 모른다. 지구보다 훨씬 과학 기술이 발달해서 달 표면의 기지까지 여행하거나 몇 광년이나 떨어진 이웃 별과 편지를 주고받을지도 모른다. 하지만 그런 별에 사는 외계인에게도 삶이 있다. 중력 밑바닥에는 언제나 삶이 대류하고 있으니까.

우주공학 연구를 하다 보면 마치 외계인을 보는 듯한 눈으로 나를 쳐다보는 사람들이 제법 있다. 번쩍번쩍한 은색 기계를 만지작거리며 길고 복잡한 수식을 늘어놓고, 엑스트라휘핑다크모카칩크림프라푸치노처럼 긴 전문용어를 떠들어대니 자신들과는 딴 세상에 사는 생물이라 느낄 수밖에 없을 것이다.

하지만 역시나 여기에도 삶이 있다. 아침에는 지각할 때가 돼서야 겨우 몸을 일으키고, 세탁물은 저도 모르는 사이에 산처럼 쌓이고, 고장난 전구 두세 개쯤은 1년이 넘도록 방치돼 있다. 즐거운 회식자리일수록 집으로 돌아가는 전철 안은 쓸쓸하기 마련이고, 시끄러운 소리를 내는 오토바이가 지긋지긋하고, 적립식 NISA*는 늘 무섭다. NASA보다도 무섭다. 그런 삶은, 언제나 있다.

---

* 　소액 투자 비과세 제도.

이는 지구와 우주가 사실은 별반 다르지 않다는 말이기도 하다. 지구가 우주와 전혀 다른 공간처럼 느껴지는 이유는 대기의 농도나 자기장의 세기가 다르기 때문이지, 사실 그 사이에 물리적인 경계란 존재하지 않는다. 고도가 높을수록 점점 대기가 희박해지고, 그 농도가 웬만큼 옅어지는 고도 100km 너머를 편의상 우주라고 부를 뿐이다. 우주에 한걸음 발을 내딛는다고 느닷없이 진공으로 변하지는 않으며, 갑자기 중력이 사라지거나 방사선이 날아들지도 않는다. 지구와 우주라는 두 공간은 근본적으로는 성질이 동일하고 연속된 하나의 공간이다. 따라서 지구 밖에 우주가 있다기보다 지구 그 자체가 우주다.

지구가 우주이듯, 외계인에게도 삶이 있듯, 우주공학 연구자에게도 삶이 있다. 생물로서 생명을 영위하며 체류하고, 사회와 부대끼며 대류하는, 중력 밑바닥을 기어다니는 듯한 삶 말이다.

원룸에서 이럭저럭 자취한 지도 10년이 넘었다. 두 번의 이사를 거쳐 지금 사는 집에는 6년 가까이 살고 있다. 어느 방이나 혼자 살기에는 과하지도 부족하지도 않은 공간이었지만 언제나 뭔가가 부족한 삶처럼 느껴졌고, 그럴 때마다 부족한 무언가를 언어로 채우려 했다. 그것은 꼬깃꼬깃한 종이뭉치 같았다. 뽁뽁이 처리를 해주지 않는 저렴한 이삿짐센터를 이용할 때 필요한 전단지나 메모지를 둥글게 뭉친 종이뭉치 같았다. 적당히 구겨놓은 종이뭉치였지만 하나같이 당시의 내게는 꼭 필요한 무엇이었다. 망가진 것은 원래대로 되돌릴 수 없기에, 저렴한 이삿짐센터는 물건이 망가져도 보상해주지 않기에, 스스로를 지키기 위해 어떻게든 빈틈을 메워야 했다.

어느 날, 문득 그 꼬깃꼬깃한 종이뭉치 하나를 펼쳐보니 꽤나 재미있는 내용이 보였다. 한심한 소리나 낯 뜨거워지는 이야기뿐이었지만 큰맘 먹고 누군가에게 보여줘야겠다는 생각이 들었다. 종이뭉치 두세 개를 펼쳐서 열심히 주름을 펴고, 꼬깃꼬깃한 언어의 파편을 해독하고 퍼즐을 맞추듯 조립해보았다. 그러자 문장이 되었다. 이 책에는 바로 그런 문장이 쓰여 있다.

그러니 이 책에서는, 예를 들어 우주의 끝은 대체 어떻게 되어 있는지를 대답할 수 없다. 지구의 생명이 무엇을 위해 태어났는지 대답할 수 없다. 어떡하면 중력의 밑바닥에서 빠져나올 수 있을지 가르쳐줄 수도 없다. 하지만 어디 사는 누군가의 삶 속 빈틈을 메워줄 수는 있다. 찢어서 동그랗게 뭉쳐 딱 맞게 메울 수는 있다. 누군가 무너져버릴 것 같을 때, 폭신하게 그 관성을 받아줄 수는 있다.

왜냐하면 지구는 우주니까. 지구가 우주이듯, 이 원룸에서의 삶은 어딘가에 사는 누군가의 삶이기도 할 테니까. 이 방도, 옆방도, 직원실도, 라커룸도, 광활한 우주와 똑같은 물리법칙이 지배하는 하나의 공간일 테니까.

차례

일러두기
• 단행본은 《 》로, 영화·방송·기사·음악 제목은 〈 〉로 표기했습니다.
• 외국 인명과 외래어 등은 국립국어원 외래어표기법에 따랐으나, 더 널리 쓰이는
  표기가 있는 경우에는 이를 따랐습니다.
• 각주 중 표기를 따로 하지 않은 것은 옮긴이 주이고, 원주는 각주 끝에 표기했습
  니다.

원룸에서 우주를 보다

원룸에는 천동설이 잘 어울린다.

방 동쪽, 하늘색 커튼이 드리워진 창문으로 태양이 아침을 전한다. 우주의 중심인 이 원룸을 중심으로 세상이 돌기 시작한다. 원룸의 아침을 상쾌하게 연출하기 위해, 새들이 짹짹 찌르르르 지저귄다. 쾌적한 원룸을 위해 기상 30분 전부터 에어컨이 실내 온도를 맞추기 시작한다.

에어컨 아래쪽, 바람이 가장 잘 드는 위치에는 하얀 책상이 놓여 있다. 우주의 중심인 원룸, 그 중심인 하얀 책상. 하얀 책상에서 오트밀과 건자두 한 알, 당분을 60% 덜어낸 요구르트를 먹는다. 나카야마 킨니쿤[*]이 유튜브에서 소개한 완벽한 아침 식사. 세상은 이 원룸을 중심으로 돌고 있다.

우주의 중심인 이 하얀 책상에서 나의 연구도 시작된다. 노트북 화면에는 시뮬레이션된 우주비행체의 운동을 나타내는 그래프가 떠 있다. 인공위성이나 우주탐사기 등을 어떡하면 잘 제어할 수 있을지 연구하는 학문, 우주비행체 제어공학이 나의 전문 영역이다.

"우주공학을 연구하고 있어요"라고 말하면, 사람들은 "굉장한 걸 연구하네"라며 놀라는 경우가 많다. 이어서 "요즘은 쭉 집에서만 연구하고 있고요"라고 말하면 한층 더 놀란다. 확실히 우주라고 하면 터무니없이 넓다는 이미지가 있는 데다, 우주공학이라 하면 엄청나게 커다란 로켓이나 번쩍번쩍하고 큼지막한 기계가 떠오를 테니 아담한 원룸에서 연구를 하는 모습 따윈 좀처럼 상상하기 어려울 게다.

물론 분야에 따라서는 요란한 실험 장치로 연구하는 경우도 있겠지만 의외로 나처럼 노트북 한 대로 우주공학을 연구하는 사람도 꽤 있다. "평소에는 워드하고 구글밖에 안 써요!"라고 말하는 사람에게 노트북 한 대로 우주공학을 연

* 일본의 보디빌더이자 예능인.

구할 수 있다고 하면 꽤나 놀랄지도 모르겠다.

예를 들자면 우주비행체를 목적지까지 정확하게 날리는 방법을 고안하는 분야인 궤도 제어에서는 우주비행체의 운동이나 제어 입력을 수학적으로 방정식화하고, 그 방정식을 컴퓨터로 풀어내 제대로 제어되는지 여부를 확인한다. "계산은 어떻게 하는 건데, 전자계산기로 하라는 거야?"라며 걱정하는 사람도 있겠지만 안심하길. 요즘은 오픈소스 프로그래밍 소프트웨어가 널리고 널렸으니 프로그래밍 코드 작성법만 조금 배워두면 대부분의 계산은 누구나 거뜬히 해낼 수 있다. 간단한 계산이라면 엑셀로도 가능하다.

물론 수학이나 제어공학 지식을 익히려면 교과서로 열심히 공부하긴 해야겠지만, 도구만 보자면 집에 있는 워드 및 구글 전용 컴퓨터로도 지금 당장 연구를 시작할 수 있다. '궤도역학 시뮬레이션' 등을 검색하면 입문용 웹사이트 몇 군데가 나올 텐데, 나름 재미있으니 관심이 있거든 한번 체험해 보도록.* 컴퓨터로 직접 계산해낸 우주비행체의 궤도를 처음

---

* 선배이자 궤도 제어 전문가인 오자키 나오야 씨가 소개하는 기사를 추천한다. 〈Python을 사용해 인공위성의 궤도를 표현하다~궤도 6요소, TLE~〉, https://sorabatake.jp/23655/. ― 원주

맞닥뜨리면, 자신의 눈으로 우주의 진리를 엿본 듯한 느낌이 들 수도 있다.

그렇다고 컴퓨터 시뮬레이션이 만능은 아니다. 예를 들어 비행기처럼 공기 중을 비행하는 물체라면 비행기의 몸체나 제트엔진 주변의 공기가 무척이나 복잡하게 운동해서 운동 자체를 방정식으로 정확하게 표현하기가 어려운 데다, 방정식을 세웠다 하더라도 컴퓨터로 정확히 풀어내려면 심사숙고와 계산능력이 필요하다. 따라서 시뮬레이션이 정확하게 실제 세계의 운동을 재현할 수 있는지 하나하나 실험으로 확인하는 과정이 필요할 수밖에 없다. 이 점에서 우주비행체 제어는 컴퓨터 시뮬레이션과 궁합이 맞다. 우주비행체는 공기도 뭣도 없는 우주공간을 비행하므로 복잡하게 운동하는 요인이 적어서, 대부분의 운동은 꽤나 정확하게 뉴턴의 고전적인 방정식을 따르기 때문이다.

우주에서의 물체 운동이라 하면 터무니없이 어려운 방정식을 풀어야 할 것 같지만 최소한 우주비행체 제어 같은 경우는 고등학교 물리 시간에 배우는 방정식으로도 그럭저럭 해볼 만하다. 이 또한 꽤나 놀라운 사실일지도 모르겠다.

게다가 가성비 관점에서 보더라도 시뮬레이션은 우주공

학과 궁합이 좋다. 실제로 우주공간에 기계를 날려서 실험하려면 1kg당 100만 엔이라는 무지막지한 발사 비용이 드는 데 비해, 시뮬레이션은 집에 있는 컴퓨터 한 대면 충분하다는 엄청난 가성비를 자랑한다. 심지어 실제 우주비행체는 쏘아올린 뒤 고장이라도 났다간 보통은 두 번 다시 수리할 수 없다는 심각한 제약이 따른다는 점을 감안하면, 실패하더라도 몇 번이든 재시작할 수 있는 시뮬레이션은 무척이나 유용한 도구다.

그러므로 내 연구는 대부분 컴퓨터 한 대로 끝이 난다. 나는 원룸의 하얀 책상에 A4 크기의 노트북을 펼쳐놓고 오늘도 홀로 묵묵히 연구를 한다. 거창한 도구는 필요 없다. 몇 번을 실패하면 어떠랴. 떠오른 아이디어가 제대로 굴러가는 경우는 좀처럼 없지만 그럼에도 컴퓨터 앞에 눌러앉아 이러저러하는 사이에 금세 날이 저물어간다. 이것이 현재 나의 삶이다.

방 서쪽, 바깥세상과의 경계선인 현관에는 창문 대신 밖을 내다보기 위한 작은 구멍이 나 있다. 태양이 한나절 사이에 서쪽으로 이동하고 나면 그 구멍을 통과한 햇빛이 원룸에 빛줄기를 내린다. 어슴푸레한 복도에 빛줄기가 희미하게 떠오르는 것은 필시 허공으로 피어오른 먼지가 그 빛을 산란시키기 때문이다. 그러니 이는 우주의 중심인 이 원룸에 생겨난 약간의 틈이다.

나라奈良에 왕조가 있었던 시절, 세상의 중심인 야마토大和의 시각에서는 서쪽 끝에 자리한 이즈모出雲*를 죽음의 세계라고 여겼던 모양이다. 해가 저무는 방향은, 다시 말해 죽음이라는 이미지와 연결된다. 따라서 우주의 중심인 이 원룸 서쪽에 있는 현관 또한 죽음의 상징으로서 그 자리에 있는 것이리라.

어린 시절의 나는 죽음이 견딜 수 없이 무서웠다. 감기로 열이라도 날라치면 반드시 꾸는 꿈, 작은 오렌지색 조명등 하나만 켜진 어둑한 방 안에서 이부자리에 누워 꼼짝도 않는 자신을 비스듬히 위에서 영원토록 바라보는 꿈. 꿈을 꾸는 시간은 기껏해야 몇 분 정도에 불과했지만 수백 년, 수천 년이나 줄곧 그대로 잠을 잔 듯한 느낌이 들고, 그러면서도 주위에는 아무도 없어서 계속 외로운, 희미한 꿈. 그 꿈이 나

* 야마토는 현재 일본의 나라현, 이즈모는 현재 시마네현 동부에 해당한다.

는 너무나도 무서웠다.

　내가 죽더라도 나와 무관하게 세상은 돌아간다. 세상은 변함없이 돌아가는데 나는 아무와도 만날 수 없고, 아무것도 들려오지 않고, 아무것도 알 수 없고, 알 수 없다는 것조차 인식할 수 없고, 그조차도 인식할 수 없는, 그런 진정한 허무가 얼마나 무서운지를 나는 그때 느꼈다. 난생처음으로 죽음이란 존재의 공포를 체감한 순간이었다. 물론 말로는 표현이 서툴던 유치원생으로서는 그저 무슨 무서운 꿈을 꾸었노라 엉엉 울어댈 수밖에 없었을 것이다.

　고대로부터 중세에 걸쳐 동양과 서양, 세상 모든 문명의 세계관은 늘 천동설에 기반하고 있었다. 거대한 거북이가 지상을 떠받치고 있다든지, 동그랗고 거대한 용기 한가운데에 지면이 떠 있다든지 세상의 형태를 두고 다양한 설이 있었으나, 우리가 사는 세상이 중심이라는 점에 관해서는 세상 그 누구도 의심한 적이 없었던 모양이다. 모두가 태어나자마자 그랬다. 누구나 자신이야말로 세상의 중심임을 의심하지 않는다. 나 역시 그랬다. 죽음이 터무니없이 무서웠던 것도 이 때문이었다.

　하지만 나는 세상의 중심이 아니기에, 내가 죽더라도 그 사실과는 무관하게 세상은 계속 돌아가기 마련이다. 나의 생명은 무엇과도 바꿀 수 없지만, 그럼에도 세상에는 거의 아무런 가치가 없다. 그리고 그 사실이 나의 머릿속에서는 '우주' 하면 떠오르는 이미지와 겹쳐 있었다. 수천 년, 수억 년이나 존재해온 우주. 내가 죽고, 전 인류가 멸망하고, 태양이 수명을 다해 지구가 없어진 뒤에도 계속해서 존재할 우주. 내게 우주의 본래 모습은 그러한 죽음에서 비롯된 영원한 고독을 일깨우는 존재였다. 그리고 무슨 이유에선지 그 존재가 매력적으로까지 보였다. 무서운 것을 보았을 때와 조금은 다른 독특한 인력을 느끼며 어느새 나는 그 무서운 우주를 일터로 삼는 길을 걷게 되었다.

원룸의 해가 저문다. 해가 지는 방향에 있는 현관의 구멍이 서늘하게 이쪽을 바라보고 있다. 세상도 그러하다. 죽음의 상징인 현관을 열면 무시무시한 세상으로 이어진다. 질병이 만연해 있고, 사람도 인간관계도 무섭고, 사회인이 된다는 것은 더 무섭고, 지하철을 타는 것도, 먹고살기 위해 돈을 벌어야 한다는 사실도, 너무 좋아하는 사람과 이야기를 나누는 것도, 사랑도 연애도, 높은 곳도 좁은 곳도, 학급 회의나 중간고사도, 충실한 삶도, 인스타그램도, 하나부터 열까지 모두 무섭다. 내게 타인이 아무런 의미가 없듯이 타인에게 나 또한 아무 의미가 없고, 그만큼 나의 죽음 역시 타인에게 아무런 의미가 없다. 원룸을 벗어나면 더 이상 나는 세상의 중심이 아니다. 그래서 세상이 무섭다.

무서운 것을 향해 손을 뻗기란 더 무서운 일이다. 하지만 우주의 중심인 원룸에서라면, 살며시 쳐다볼 수도 있을 것 같다. 컴퓨터 한 대로 우주의 진리를 엿보듯이, 이 원룸에서라면 무서운 것과도 조금은 마주할 수 있을 것 같다. 마주하면 우리는 그 무서운 것을 실체가 있는 대상으로 바라볼 수 있게 된다. 대상으로서 볼 수 있다면 대처할 수도 있다.

그래서 나는 글을 쓴다. 컴퓨터 한 대, 워드 소프트웨어로 세상의 무서움을 마주하려 한다. 거창한 도구는 필요하지 않다. 실패를 거듭해도 괜찮다. 몽글몽글한 감정을 정확하게 문장으로 표현하기란 무척이나 어렵고 번거롭지만, 그럼에도 컴퓨터 앞에 앉아 이럭저럭 하다 보면 눈 깜짝할 사이에 밤은 깊어져 있다. 이것이 지금의 내 삶이다. 이렇게 글을 쓰고 싶다. 그렇게 살아가고 싶다.

원룸에서 벗어나자 드문드문 별이 보였다. 아래층에서

누군가가 현관문 닫는 소리가 들렸다. 괜히 마주쳐 인사해야 하는 상황이 귀찮으니 좀 천천히 계단을 내려간다. 내려갈 때 계단 안쪽으로 살짝 몸을 붙이면 복도 형광등이 가려진다. 불빛이 시야에서 사라지면 눈이 어둠에 순응해 조금이나마 별을 뚜렷하게 볼 수 있다. 그래서 느릿느릿 계단을 내려가는 동안 별빛은 점점 뚜렷해진다.

지동설의 탄생은 우리 세상을 특권적인 지위에서 끌어내림과 동시에, 광활한 우주 아래에서는 인간이 평등함을 주장하는 사상으로 이어졌다. 내가 세상의 중심이 아니기 때문에 나의 눈도 이처럼 평등하게 어둠에 순응하는 것인지도 모른다. 세상의 중심이 아니기 때문에 별빛은 나에게도 평등하게 쏟아지는지도 모른다. 그렇다면, 그것이 사실이라면, 세상이 좀 무서워지기도 한다.

아래층 주민의 계단 내려가는 소리가 멀어지지만 여전히 나는 천천히 계단을 내려간다. 머리 위로 보이는 황소자리 알데바란Aldebaran은 지구에서 65광년 떨어져 있다. 내가 지금 알데바란을 올려다보는 순간의 시선이 알데바란에 도착하는 65년 후에는 나는 이 세상에 없을지도 모른다. 사랑하는 사람도, 가족도, 친구도 모두 사라졌을 것이다. 그리고 이와는 역시나 무관하게 우주는 당연하다는 얼굴로 계속 존재할 테다. 이것은 역시나 무서운 일이겠지. 아, 무섭다, 무서워. 나는 천천히 계단을 내려간다. 우주의 중심이었던 원룸이 내게서 한걸음씩 멀어져 간다. 무서운 것을 보았을 때와는 또 조금 다른 독특한 인력을 내뿜으며, 별빛의 광채는 계속해서 우직하고 공평하게 밝아져 간다.

그래서 조금 더, 조금만 더 이렇게 있고 싶다고 나는 바란다.

그날, 외계인이 될 수 없었던 나에게

초등학생 때, 나는 외계인이 될 뻔한 적이 있다.

하필이면 신종 인플루엔자에 걸린 날 밤에 벌어진 일이다. 깊은 밤, 나는 갑자기 이부자리를 걷어차고 일어나 안방 천장을 바라보며 영문 모를 소리로 떠들어대기 시작했다. 때마침 신종 인플루엔자 치료제인 타미플루로 인한 이상행동이 곧잘 뉴스에 오르던 때였다.

"유키가 외계어로 중얼거리고 있어."

아버지와 어머니는 빛의 속도로 벌떡 일어났고, 눈앞의 광경이 꿈인지 생시인지도 확실하지 않았지만 아무튼 내 어깨를 흔들어대며 필사적으로 이름을 불렀다고 한다. 나는 그런 걱정을 아는지 모르는지 홀로 허공을 향해 히죽히죽 미소를 지으며 원어민 뺨치는 유창한 외계어로 우주와의 교신을 이어가고 있었다. 마침내 이 광경이 꿈이 아닌 현실임을 자각했을 때, 어머니는 "아, 우리 애는 이대로 평생 말도 제대로 못하겠구나" 하고 조용히 각오하셨단다.

나로 말하자면, 태평하게도 거의 아무것도 기억하지 못했는데, 유일하게 기억나는 건 오렌지색 등불에 비춰 일렁거리는 천장과 멀리서 희미하게 들려오는 낯선 외침, 그리고 그 외침이 서서히 선명해지다 귓가로 날아든 "유키! 포카리스웨트 마시렴!"이라는 아버지의 괴상한 명령뿐이었다. 그 순간, 나는 대뜸 지구어를 떠올리며 '아, 맞아, 맞아. 포카리스웨트 마셔야지' 하고 아무 일도 없었다는 양 고개를 정상적인 각도로 되돌려 꿀꺽꿀꺽 마시기 시작했다. 천하태평이었던 나와는 대조적으로 부모님이 한동안 어안이 벙벙했던 것은 두말할 나위도 없고.

그 사건이 계기였을까. 나는 하늘을 올려다보기를 좋아한다. '첨벙' 하고 힘차게 뛰어들어 접영을 하고 싶어지는 푸른 하늘을, 눈물의 빛깔과 땀 냄새가 날카롭게 공명하는 저녁놀을, 보는 내가 부끄러워질 정도로 상큼한 신록에 반사된 하늘을, 도심지의 눅눅한 공기를 하늘하늘 뚫고 날아드는 별빛을, 나는 그때와 마찬가지로 히죽히죽 미소 지으며 바라본다. 입을 벌린 채 하늘을 올려다보며 히죽거리는 한 남자. 외계어로 떠들어대지 않더라도 행인은 '이 녀석 외계인 아닐까' 하고 의심하진 않을까.

하늘을 올려다볼 때, 내 의식은 빛으로 향한다. 문득 걸음을 멈추고는 삶의 흐름에 파묻힌 빛을 쑥 뽑아내고 광원 하나하나와 나의 거리감을 적절히 다시 가늠해, 우주에서 나라는 보잘것없는 생명이 자리한 위치를 재차 확인한다. 2m 떨어진 가로등, 10km 떨어진 비행기의 내비게이션 라이트, 33만 km 떨어진 달, 1억 5000만 km 떨어진 태양, 80조 km 떨어진 큰개자리 시리우스Sirius. 그럴 때면 나는 항상 우주의 압도적인 광활함 앞에 허우적거린다. 허우적거리면서도 히죽댄다. 때로는 너무나도 무력한 이 생명을, 무력감을 정확히 실감할 수 있는 그 시간이 좋아서, 자연스레 입꼬리에서 힘이 빠진다.

그래서 연구실 창문을 좋아한다. 전망 좋은 7층 연구실의 쓸데없이 커다란 서향 창문. 나는 매일 이 커다란 창문이 도려낸 서쪽 하늘을 바라보며 연구에 매진한다. 그때, 외계인은 되지 못했지만 10여 년의 세월을 거치며 나는 우주공학자가 되었다.

우주비행체 제어공학은 우주공간에서의 정밀한 임무를 달성할 수 있게끔 우주비행체의 움직임을 설계하는 학문이다. 예를 들어 궤도 제어라는 분야에서는 연료를 한계치까지 절약해서 효율적으로 목적지에 도달하려면 어느 타이밍에 쏘아올리고 어떻게 엔진을 분사해야 좋을지, 천체가 지닌 에너지를 활용해 효과적으로 가속할 방법은 없는지 등을 날마다 생각하고 고민한다.

나는 요즘 태양광압光壓, Light Pressure이라는 연구 주제에 주목하고 있다. 태양광압, 태양빛이 지닌 압력. 그렇다. 평소의 우리는 전혀 느끼지 못할 정도로 미약한 힘이지만 사실 물체는 빛을 받으면 빛을 받은 부분이 아주 조금이나마 밀린다. 날아오는 공에 우리 몸이 맞으면 그 진행 방향으로 몸이 밀려나듯이, 광자라는 알갱이의 집합인 빛을 받으면 물체는 마찬가지로 빛이 밀려온 방향으로 힘을 받는다. 나도 당신도 레오나르도 디카프리오도, 빛을 받을 때마다 아주 조금씩 밀린다. 레오나르도 디카프리오(신장 183cm, 체중 80kg)의 유효 표면적은 약 $2m^2$, 지상에서의 태양광압은 $4.6\mu Pa$(마이크로파스칼)이므로 디카프리오의 등에 태양빛이 곧장 날아든다고 치면 단순 계산으로 $4.6\mu N$(마이크로뉴턴)만큼 태양으로부터 등이 떠밀리는 셈이다. 1엔 동전 무게의 약 2000분의 1 크기에 해당하는 힘이다. 당장 디카프리오에게는 아무런 도움이 되지 않겠지만, 우주공간에서는 달리 저항하는 것이 전혀 없기 때문에 그 미약한 힘이라도 잘 조종하면 우주비행체의 연료를 절약하는 데 큰 도움이 된다.

나는 이 사실이 좋다. 태양빛이 머금은 따스한 햇살은 나를 정신적으로 지탱해줄 뿐 아니라 물리적으로도 은근히 내 등을 밀어준다. '난 완전히 글러먹은 인간이야' 하고 풀이 죽을라치면 항상 이 현상에 위로를 받곤 한다. 방울토마토를 냉장고에 6개월 이상 방치하는 바람에 악마 왕국의 과일을 발견하고 말았을 때, 헤어 디자이너의 모든 질문에 "대충 알아서 해주세요"라고 대답했더니 머리를 대충 키운 가지처럼 깎아놓았을 때, 술김에 내팽개치지 않았을까 싶은 구운 시샤모柳葉魚를 침대 밑에서 발굴해냈을 때, 그리고 그 이후로 친구가 우리 집을 '낚시터'라고 부르게 되었을 때, 나란 인간은 얼마나 한심한 인간인가 하고 우두커니 서 있게 되지만 그럼에도 새로운 해가 떠오르면 어째서인지 다시 한번 앞으로 발걸음을 내디딜 힘이 생긴다. 그때 나는 1억 5000만 km 저편에서 나를 향해 일직선으로 빛을 뿜어내는 태양의 모습을 상상한다. 그리고 그 광선의 광자들이 있는 힘껏 내 등을 밀어주는 모습을 상상하노라면 그 한 알 한 알에 대한 애착이 샘솟는다. 그렇게 태양빛은 내게 은근히 애정과 자신감을 일깨워준다.

> 하나님이 이르시되 '빛이 있으라' 하시니 빛이 있었고, 빛이 하나님이 보시기에 좋았더라. 하나님은 그 빛을 어둠과 나누셨다(「창세기」 1:3-4).

빛이 있으면 어둠이 있기 마련이다. 따라서 작은 빛을 놓치지 않으려면 어둠을 마주해야 한다. 그럴 때면 나는 한 장의 그림을 떠올린다. 프랑스의 툴루즈에서 본 폴 시냐크Paul Signac, 1863~1935의 〈생트로페의 종탑〉이라는 그림을. 생트로페의 교회를 비추는 빛과 수면의 따사로운 광채에 넋을 놓게 되는 작품이다. 하지만 자세히 들여다보면 그가 공들여

그렸던 건 오히려 선명하고 활기찬 그늘이었다. 잔잔하게 거리를 비추는 옅은 빛과 그 빛을 뒤에서 지지해주는 일곱 빛깔의 그늘. 시냐크는 그늘을 한없이 아름답게 묘사해 그늘에서 빛을 낳았다.

오늘도 트위터Twitter*에는 수많은 사람이 일과 인간관계에 치여 울분과 슬픔, 아픔과 푸념이 올라온다. '일이 힘들다'로 검색해보니 최근 1시간 동안 75명이 트윗을 올렸다. 48초에 1명, 문맥을 바꾸고 표현을 바꿔서 괴로움에 괴로움이 쌓인다. 그리고 누군가가 읽어보고는 '저거 유리멘탈이네', '어딘가 음침하네', '어디 아픈가 봐' 하고 핀잔을 준다. 괴로움, 유리멘탈, 음침한 인간, 어둠, 괴로움으로 만든 햄버거가 완성된다. 검지로 화면을 쓱 팅기자 괴로움 버거가 휘리릭 쓸려가고 또 다른 괴로움 버거가 떠내려온다.

"빅 세트 하나! 바나나 셰이크! 플리즈 헬프 미!"

샌드위치맨의 햄버거 가게 콩트가 머리를 스친다. "아니, 도와달란 말은 왜 해!" 하고 머릿속에서 다테가 딴죽을

---

* 140자 미만의 문장을 인터넷이나 휴대폰에서 주고받을 수 있는 소셜 미디어 플랫폼이다. 2023년 X Corp.가 인수하여 X(엑스)로 변경되었다.

놓는다.*

왜 도움을 청하는 것일까. 왜 괴로움을 토로하는 것일까. 아마도 다시 한번 앞으로 걸음을 내딛기 위함이리라. 마음속 어둠을 바라보고, 토해내서, 내일 또다시 학교로, 일터로 향한다. 어둠과 마주하는 이유는 빛을 놓치지 않기 위함이다. 그래서 인간의 한결같은 부정적 측면만을 보고 '저 녀석은 유리멘탈이다'라고 단정하는 건 너무나도 안타까운 일이 아닌가 싶다. '어둠과 맞서고 때로는 삼켜질 게 뻔하지만 그럼에도 앞으로 나아가려는 그들의 등을 조금이라도 밀어주면 좋을 텐데' 하고 생각하며 오늘도 나는 괴로움 버거를 손가락으로 획획 밀어낸다.

문장으로는 뭘 할 수 있을까. 유튜브가 지배하고 VR이나 AR이 성행하는 시대, 문장이라는 단순하고도 고전적인 미디어가 갖는 의미란 무엇일까.

생각건대 문자는 광자光子다. 문자가 화면이나 지면 위에

* 샌드위치맨은 다테 미치오와 도미자와 다케시가 만든 일본의 개그 듀오다. 다테 미치오가 햄버거 가게에서 주문을 하면 점원인 도미자와 다케시가 주문을 주방에 전하며 뜬금없이 '헬프 미'를 외치는 개그를 비유한 것이다.

못 박혀 움직이지 않는 문자 미디어에서 우리는 그 한 글자한 글자의 존재를 더욱 확실하게 인식할 수 있다. 움직이지않고, 떠내려가지 않고, 언제까지나 그 자리에 존재하는 문자들. 그 문자 하나하나가 읽는 이의 마음을 조금씩 움직이고, 문장은 이윽고 사람의 마음을 강렬하게 흔든다. 문장은빛이다. 열심히 일하는 글자 하나하나를 그 자리에 머물게하고 그들에게 자연스레 애착을 느끼게 하는 건, 문장이라는 미디어의 커다란 가치다.

트위터를 보며 생각한다. 아무것도 아닌 문자, 아무것도아닌 말을 모아서 앞으로 나아가려는 사람의 등을 포근하게밀어주는 따사로운 빛을 그리고 싶다. 이는 시냐크의 그림처럼 빛을 뒷받침하는 그늘을 한없이 선명하고 경쾌하게 그리는 행위이리라. '나도 그런 문장을 쓸 수 있다면 좋으련만.'가만히 생각에 잠긴다.

그러고 보니 그날, 외계인이 되지 못한 그날, 나는 평온한일상으로 다시 돌아온 사실이 살짝은 아쉬웠다. 그날 밤 이후 거짓말처럼 별일 없이 신종 플루는 완쾌되었고, 외출 금지가 풀리자 다시금 평범한 지구인 초등학생으로서 학교생활이 시작되었다. 학교에서 나는 신종 플루로 결석한 여러 아이 중 하나일 뿐이었다. 유창하게 떠들어댔다던 외계어는 한마디도 떠오르지 않았다. 나를 찾아온 그 비현실적인 하룻밤은 눈 깜짝할 사이에 광활한 우주로 녹아들어 버렸다. '시시하다, 시시해' 하며 연필을 깎았다. 뾰족해질 대로 뾰족해진 연필을 아쉽다는 듯이 계속해서 사각사각 깎았다.

　그날, 외계인이 되지 못한 나에게.
　그럼에도 세상은 좋은 곳입니다. 평범하고 지루한 일뿐이지만 똑바로 마주해보면 아름다운 것이 아주 많답니다. 그런 것들과 앞으로 자주 만나게 될 거예요. 아쉽게도 아직 외계인은 되지 못했지만 지구인으로 사는 것도 의외로 나쁘지 않습니다. 지구인이기 때문에 광활한 우주에 한없이 압도될 수도 있고, 당장이라도 바스러질 듯한 나라는 생명의 존재를 한층 강렬하게 느낄 수 있죠. 그러니 부탁드립니다. 방울토마토를 냉장고에 방치하지 말아주세요. 헤어 디자이너의 질문에는 진지하게 대답해주세요. 무슨 일이 있더라도 구운 시샤모를 아무 데나 던지지는 말아주세요. 부탁입니다. 정말 곤란하다고요.

전망 좋은 7층 연구실의 쓸데없이 커다란 서향 창문. 그 창문이 도려낸 푸른 하늘을 나는 변함없이 바라본다. 여느 때보다 한껏 히죽히죽 미소 지으며, 바보처럼 입을 헤벌쭉 벌린 채 바라본다. 25m 길이의 얕은 풀장처럼 차분한 푸른 색에 비행운 한 줄기가 훑고 지나간 2월의 하늘을 올려다보며, 나는 포카리스웨트를 떠올렸다. 외계인이 되지 못한 그날, 아무 생각 없이 마셨던 그날의 포카리스웨트를.

가우스는 화들짝, 우리는 흐느적

1905년, 스위스 특허청에서 일하던 평범한 청년이 돌연 세 편의 논문을 연달아 발표했다. 그 논문에는 저마다 당시의 물리학계에 혁명을 불러일으키는 획기적인 이론이 담겨 있었다. 양자역학이 발전하는 계기가 된 '광양자 가설', 통계 물리학의 기초가 된 '브라운 운동 이론', 그리고 그중에서도 참신한 '상대성이론'은 당시 대학 측에서 박사논문으로 받아주지 않았을 만큼 혁명적이었다. 이 충격적인 사건이 벌어진 1905년은 '기적의 해'라고 불리며 지금까지 전설로 통한다. 당시 스물여섯 살의 아인슈타인의 업적이었다. 어…잠깐만. 스물여섯 살이라고…?

나보다 어리잖아. 어, 그러셔? 그 나이에… 말이지. 알았네, 아인슈타인 군, 자네는 천재야. 메롱이든 뭐든 마음대로 하라고. 나는 나대로 착실하게 연구에 전념할 테니까.

상대성이론이라 하면 '고속으로 이동하면 시간이 느려진다', '빛의 속도는 불변이다', '$E=mc^2$' 같은 흥미로운 이야기 정도는 들은 적이 있을 것이다. 다만 이러한 이야기는 대부분 상대성이론 중에서도 '특수상대성이론'이라 불리는 한정된 범위의 이론에 가깝다. '특수'보다는 '일반상대성이론'이 이론적으로는 더 아름답기에 나는 그쪽을 더 좋아하는데, 유감스럽게도 활용되는 숫자가 엄청나게 복잡해 보통은 좀처럼 설명을 들을 일이 없다.

그렇다고는 하지만 나의 이 호감을 억누를 길이 없기에 아주 살짝 일반상대성이론의 중력방정식을 살펴보겠다. (수식만 봐도 토가 나오고 소변이 마려워지는 체질이라면 네 단락 건너뛰고 '뭐, 요컨대'에서 다시 만납시다.)

다음 등장하는 것들이 이 식의 주역이다. 텐서? 리치? 부자라는 뜻일까? 첫머리부터 엮이면 안 될 듯한 분위기를 풍기는데, 대충이라도 이해해보자.

$$\frac{8\pi G}{c^4} T_{\mu\nu} = R_{\mu\nu} - \frac{1}{2} g_{\mu\nu} g^{\rho\sigma} R_{\rho\sigma}$$

$T_{\mu\nu}$ 에너지 운동량 텐서	$R_{\mu\nu}, R_{\rho\sigma}$ 리치 텐서
G 만유인력 상수	$g_{\mu\nu}, g^{\rho\sigma}$ 계량
c 광속(=초속 30만 km)	

아인슈타인의 중력방정식

좌변의 '에너지 운동량 텐서'는 물체의 질량과 운동의 세기를 나타낸다. 질량을 나타내는 것임에도 에너지라는 이름이 붙은 것은, 앞서 말한 E=mc²이라는 식을 보면 '질량(m)은 에너지(E)로 치환될 수 있기 때문이니라'라고 아인슈타인 아저씨가 말했기 때문이다.

한편 우변의 '계량'이란 시간과 공간을 합친 4차원 길이를 측정하는 잣대와 같다. '리치 텐서'의 내용물도 사실은 이 계량만으로 나타낼 수 있으므로 우변은 모두 '잣대 길이의 변화'에 대한 식인 셈이다. 이외에 G라든가 c는 모두 상수이므로 딱히 신경 쓰지 않아도 된다. 그리고 위아래로 붙어 있는 μ라든가 ν 같은 문자도 식 번호를 나타내는 것뿐이므로 신

질량이나
운동의 세기　　　　잣대가 휘어지는 형태

$$\frac{8\pi G}{\underset{c^4}{\text{상수}}} T_{\mu\nu} = R_{\mu\nu} - \frac{1}{2} g_{\mu\nu} g^{\rho\sigma} R_{\rho\sigma}$$

존재한다
질량이　혹은　　　➡　공간과 시간이 **휘어진다**
운동한다

경 쓸 필요가 없다. 어쩐지 이해할 수 있을 듯한 느낌이 든다.

하지만 '뭐야, 의외로 간단한 식이잖아'라고 생각한 당신에게 유감스러운 소식이 있다. 위의 식에는 간단하게 정리되어 있지만 리치 텐서의 내용을 전부 써내려가다 보면 계량의 변화를 나타내는 약 700개의 항이 복잡하게 뒤섞인 무지막지한 식이 되고 만다. 인터넷을 찾아보면 나올 테니 어마무시한 수의 계량이 미친 듯 날뛰는 모습을 한번 접해보시길.[*] 잣대의 신에게 벌을 받으면 이런 악몽을 꾸게 된다고

---

[*]　EMAN의 물리학 '리치 텐서의 전개', https://eman-physics.net/relativity/r00_ext.html. — 원주

전해지기도 한다.

뭐, 요컨대 아인슈타인의 중력방정식은 질량을 가진 물체가 존재하거나 그 물체가 운동하고 있으면(좌변) 그에 따라 시간과 공간이라는 4차원 세계의 잣대가 휘어진다(우변)는 사실을 표현하는 식이다. 물체는 중력이라는 힘에 의해 진행 방향이 휘어지는 것이 아니라 휘어진 공간을 나아가기 때문에 휘어지는 것처럼 보일 뿐이라는 것이 아인슈타인이 말하고자 하는 바다. 예를 들어 종이에 직선을 곧게 그었다 하더라도 그 종이 자체가 휘어져 있다면 3차원 세계의 우리에게는 휘어진 듯이 보인다는 말이다. '고속으로 움직이면 시간이 느려진다'라는 특수상대성이론에 관한 이야기도 '시간의 잣대가 휘어진다'라는 의미에서 이 식에 포함된다.

이 세상의 만물은 아주 조금이긴 하지만 주변 세계를 구부러뜨린다. 그 녀석이 움직이면 그 운동으로 인해 한층 크게 휘어진다. 이렇게 말하는 우리도 우리 자신의 질량이나 운동에 따라 아주 조금이나마 우리 주변의 공간을 구부러뜨리고 있으며, 그 휘어짐에 의해 한층 더 자신의 운동에 영향을 받아 곡률이 변화한다…라는 복잡한 균형 속에서 살아가고 있다. 공간이라는 고정된 용기 안에 우리만 덩그러니 존재하는 것이 아니라, 우리의 존재와 주변 세상이 항상 서로에게 영향을 주며 성립한다는 뜻이다. 뭔가 공상 속 이야기처럼 들리지만 최첨단 망원경으로 관측한 결과에 따르면, 아인슈타인의 정리는 현재까지는 사실인 듯하다.

하지만 이렇게 말하고 보니 우리 세계도 휘어져 있는 것 같다. 인간이 존재하고 사람들이 모여서 규칙이 생겨나니, 하나의 세계가 생겨날 때면 그 세계는 이미 휘어져 있는 셈이다. 역사상의 위인이 인쇄된 종이쪽지로 상품을 살 수 있는 세계, 간사이에서 태어났다는 이유만으로 한신 타이거즈의 승패에 일희일비하는 세계, 에탄올이 든 음료를 가장 많이 원샷한 사람이 존경받는 세계, 금요 명화극장의 특정 회차에만 이상하리만치 강한 단결력으로 '바루스'*를 중얼거리는 세계, 투명한 비닐 커튼을 사이에 두고 T포인트 카드를 주고받는 세계. 어쩐지 비틀린 우스꽝스러운 세계일지도 모른다.

휘어져 있다는 사실 자체에 좋고 나쁨은 아마도 없으리

---

* 미야자키 하야오宮崎駿의 애니메이션 〈천공의 성 라퓨타〉에 등장하는 멸망의 주문.

라. 오히려 휘어져 있기 때문에 그 휘어짐을 원동력 삼아 세상은 앞으로 나아간다. 그리고 저마다 고유한 휘어짐이 있기 때문에 세상은 재미있고, 사랑스러운 부분도 있다.

그렇다면 내가 지금 살고 있는 세상이 휘어졌는지 여부를 알 수 있는 방법은 없을까? 이는 수학적으로 흥미로운 물음이다. 이를테면 바다에서 수평선이 휘어진 형태를 본다거나, 인공위성 사진을 보면 지구가 평면이 아닌 곡면이라는 사실을 알 수 있다. 이런 식으로 2차원의 곡면을 3차원의 관점에서 부감할 수 있다면 이야기는 간단해진다. 하지만 아인슈타인은 우리가 살아가는 4차원의 세계 자체에 휘어짐이 있다고 생각했다. 5차원 세계 같은 조물주의 시점에서 부감하지 않고서 그 휘어짐을 알 수 있는 방법은 없을까? 그렇다면 이야기는 제법 복잡해진다. 휘어진 세계 속에서 살아가는 자신의 잣대 역시 휘어져 있으므로 보통은 설마 자신의 세계가 휘어져 있다는 생각 따윈 하지도 못할 테니까.

이 물음에 대해 저 유명한 카를 가우스Carl Gauss, 1777~1855라는 천재 물리학자 아저씨는 '열심히 노력하면 세상의 휘어짐은 그 세계에 사는 사람들도 인식할 수 있구먼!'을 수학적으로 증명해냈다. 휘어진 세계 안에 갇혀 있다 하더라도 주의 깊게 길이나 각도를 측정한다면 '가우스 곡률'이라 불리는 휘어짐에 대한 정보를 얻을 수 있다는 정리다. 이름하여 '가우스의 놀라운 정리.' 이름이 뭐 이럴까. 이름만 봐도 알겠지만 가우스 아저씨 본인이 발견하고도 자기도 깜짝 놀란 정리인지라 200년 동안 이렇게 불리고 있다. '가우스의 화들짝 정리'인 셈이다. 〈우와! 속았다! 대상〉[*] 같아서 우습다. 산시로[**]의 고미야 씨는 그렇게나 몰카에 속아 넘어가는 동안 아무런 정리도 안 나왔는데….

이처럼 세계 밖으로 나가지 않더라도 자신이 사는 세계를 주의 깊게 관찰해보면 얼마나 휘어져 있는지를 알 수 있다. 하지만 쉽지는 않다. 과거를 돌아보더라도 그렇다.

커다란 거북이가 세계를 떠받치고 있다고 생각했던 시대가 있었다.

지구가 우주의 중심이라 여겼던 시대가 있었다.

죽창으로 B29 폭격기를 격추할 수 있다고 믿었던 시대가

---

[*] 2010년부터 비정기적으로 방영 중인 일본의 버라이어티 방송으로, 몰래카메라를 설치해놓고 속아 넘어간 연예인의 반응을 보는 것이 주된 콘셉트다.
[**] 일본의 개그 콤비.

있었다.

공장 폐수를 바다에 흘려보내도 문제가 없다고 여겼던 시대가 있었다.

동아리 활동 중에 물을 마시면 근성이 없다는 소리를 들었던 시대가 있었다.

어디서든 당당히 담배를 피웠던 시대가 있었다.

교사가 학생에게 당연하다는 듯 체벌을 가하던 시대가 있었다.

그들의 다음 시대를 사는 우리는 당시 세계가 얼마나 휘어져 있었는지 부감적으로 알 수 있다. 그 모습을 보고 '요즘 세상에는 어림도 없지'라고 생각한다. 하지만 그렇다 해서 당시 사람들이 이상했다는 말은 아니다. 인간은 고정된 '세계'나 '시대'라는 용기 안에 덩그러니 홀로 존재하지 않는다. 인간의 존재와 주변 세계는 항상 서로에게 영향을 끼치며 발전해간다. 저도 모르는 사이에, 의심할 여지도 없는 '시대적 당연함'을 따라서 행동은 휘어지고 만다. '심지가 굳은 사람이라면 그 멍청한 짓은 하지 않아'라고 생각한다면 분명 교만이다. 그 '심지'도 세계와 흐물흐물 얽히면서 성립된 것이니까.

지금 우리가 사는 세계는 어떨까.

돈을 내면 우버이츠Uber Eats가 달려와 준다.

화장실에서는 화장지로 밑을 닦는다.

운세 뽑기에서 '대길大吉'이라고 쓰여 있는 종이를 뽑으면 운이 좋다는 뜻이다.

일본에서는 결혼하면 부부 중 1명이 성씨를 잃는다.

에어컨 온도를 28°로 설정해놓으면 친환경적이다.

지방이 적은 소는 가치가 낮다.

한때 직장에서 여성을 '○○양'이라고 부르기도 했다.

아저씨는 화장을 하지 않는다.

피부는 하얀 편이 좋다.

모기를 죽이더라도 벌을 받지 않는다.

유명인을 익명으로 비방하면 큰 벌을 받을 수도 있다.

그 유명인이 자살하면 더 큰일이다.

사람이 모인 시점에서 이미 우리는 휘어진 공간의 한복판에 놓이게 된다. 하지만 아무도 알아채지 못한다. 자신이 속한 세계가 휘어져 있다는 사실 따윈 생각지도 못한 채 휘어진 세계를 힘차게 나아간다. 그리고 미래의 자신이 본다면 '말도 안 돼'라고 생각할 짓을 아무렇지도 않게 해치울지도 모른다. 하지만 이를 시대의 탓으로 돌려서는 안 된다. 세계의 구조와 우리의 존재는 결코 떼어놓을 수 없다. 우리의 행동을 구부러뜨리는 그 세계가 휘어진 원인 역시 우리에게 있다.

휘어져 있다는 사실 자체에 좋고 나쁨은 아마도 없으리라. 그러니 그 세계를 살아가는 우리가 좋고 나쁨을 정해나가야만 한다. 이는 어려운 일이다. 어렵지만 분명 할 수 있으리라고 가우스 아저씨는 말하겠지. 분명 휘어짐이 있기 때문에 세상은 재미있고 사랑스럽다. 휘어진 세계와 씨름하며, 그럼에도 용케 발걸음을 맞춰나가는 우리를 보며 가우스는 또다시 그때처럼 화들짝 놀랄까.

그러고 보니 아인슈타인은 어떻게 생겼더라 싶어 방금 전의 '아인슈타인'을 이미지로 검색해보니 사진 중 80%는 요시모토흥업*에서 선정한 추남 연예인 랭킹 1위가 그분의 사진이었다. 요즘 세상에서 통하는 아인슈타인은 당신인

---

* 수많은 개그맨이 속한 일본의 대형 연예기획사.

가요, 이나다 씨*…. 아인슈타인의 저 유명한 메롱, 하는 사진과 나란히 복잡 미묘한 미소를 띠고 있는 이나다 씨. 특유의 초승달 같은 턱이 매력 포인트.

흠, 휘어져 있구먼. 재미있어. 사랑스러워.

* 일본의 개그 콤비 아인슈타인의 멤버.

피보나치 그리고 가고시마의 여름

    곧 점심. 에어컨이 돌아가는 연구실을 나오자 푹푹 찌는 복도의 공기가 팔을 훑는다. 문을 닫는다. 기세가 붙은 문이 방 안 공기를 훅 몰아내는 소리와 함께 아주 잠깐, 고막의 진동이 완전히 멈춘 듯한 느낌이 들었다. 나는 흠칫 놀랐다.

    여름이다.

    그래, 틀림없어. 여름이다. 이 감각. 열기에 떠오른 공기 사이로 아주 잠깐 힐끔 고개를 내미는 정적. 이 느낌, 틀림없이 여름이다. 교수님과의 회의가 끝나고 방을 나설 때의 일이었다. 이제 장마가 시작된 7월 초순이었지만 나는 그 순간 강렬하게 여름을 느꼈다.

'여름'이라는 단어를 들으면 쨍쨍 내리쬐는 태양과 매미의 합창 따위를 떠올리기 마련이지만 어째서인지 여름을 강렬하게 실감할 때는 언제나 아무것도 아닌 순간이었다. 어린 시절의 기억을 돌아보아도 풀장에서 웃고 떠들고, 왁자지껄하게 바비큐를 굽고, 축제에서 요란을 떠는 여름의 기억은 어딘지 모르게 뿌옇게 흐려져 있지만 그 틈새에 끼인 아무것도 아닌 순간은 이상하리만치 선명하게 기억나곤 한다.

풀장에서 바라보는 물보라, 불고기 양념 냄새가 스며든 나뭇잎, 그 사이로 비치는 햇살, 불꽃놀이 소리가 멀리서 들려오는 밤의 공원 벤치. 활동적이고 가슴 뛰는 '움직임' 사이에 쏙 끼워진 '고요함.' 여름은 그 조용한 시간을 날카롭게, 아름답게 빛내준다. 육상부의 구호가 운동장에서 희미하게 들려오는 3층 교실 창가. 그 창문에서 얇은 화선지처럼 일정한 속도로 흘러드는 산들바람. 고작해야 2, 3초 정도의 찰나의 순간이지만 영원하게 느껴지는 순간이 생생하게 기억난다. 나는 그런 여름을 좋아한다.

초등학교와 중학교 과학 시간에 배웠듯이 여름은 지구 자전축의 기울기에 따라서 생겨난다. 1년 중 자전축이 태양

쪽으로 기울어진 시기에는 태양빛을 잔뜩 받게 되므로 여름이 되는 것이다. 내 기억 속에서 빛나는 그 생생했던 여름도 우주적 규모에서 보면 지구가 태양 쪽으로 살짝 고개를 기울인 것에 불과하다. 그렇게 보면 참으로 단순한 일이다.

하지만 그것이 여름의 아름다움이 아닐까. 지구는 '좋아, 여름이라는 아름다운 계절을 낳기 위해 자전축을 살짝 기울여주지!' 하고 눈치껏 기울어주지 않는다. 먼 옛날에 어쩌다 보니 우연히 자전축이 기울어졌고, 그랬더니 태양빛이 날아드는 각도에 따라 계절이 생겨났고, 여름이라는 계절이 우연찮게 아름다워지고 말았을 따름이다. '아름다운 것을 창조하자'라는 생각에서 태어난 것이 아니라, 어쩌다 보니 낳아버린 것이 아름다운 우연. 이 장엄한 우연 속에 여름의 진정한 아름다움이 깃든 느낌이 든다.

그러고 보니 수학에서도 비슷한 아름다움이 느껴진다. 이를테면 피보나치수열Fibonacci數列이라는 유명한 수열은 1, 1, 2, 3, 5, 8, 13, 21, 34…이라는 식으로 나열된 숫자를 말하는데, 이 수열은 '앞의 두 숫자를 더한 결과를 다음 숫자로 한다'라는 규칙에 따른다.

1+1=2

1+2=3

2+3=5

3+5=8

이런 식이다. 이 수열 자체는 800년 전에 이탈리아의 레오나르도 피보나치Leonardo Fibonacci, 1170~1250?라는 아저씨가 '불사신 토끼가 2개월마다 새끼를 낳는다면 불사신 토끼들의 총 마릿수는 어떻게 변할까?'라는 문제를 떠올리면서 우연히 생겼다고 한다. 불사신 토끼라니 그게 뭐길래.

하지만 후세에 수학자들이 연구한 결과, 이 수열에는 황금비가 숨어 있다느니, 피보나치수열을 반지름으로 삼는 원을 연결해보니 자연계에 존재하는 나선의 형태와 일치했다느니 하는 아름다운 성질이 속속들이 발견되었다. 이를테면 피보나치의 나선을 소용돌이은하의 팔 부분에 겹쳐보면 다음 그림처럼 딱 겹쳐진다.* 800년 전의 피보나치 아저씨가

* 은하 사진은 Whirlpool Galaxy-NASA Image and Video Library에서 발췌. 나선의 그림은 필자가 직접 그림, https://images.nasa.gov/details-PIA04230. ─원주

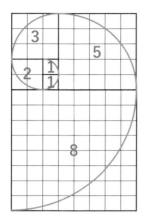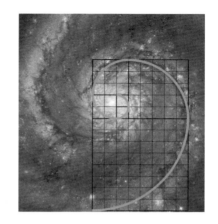

피보나치 나선과 소용돌이은하

토끼의 숫자를 알아내다 우연히 탄생한 수열이 사실은 자연계의 구조를 표현하는 비밀의 열쇠였던 것이다. 이 무슨 장엄한 우연인지.

　애당초 수학이란 지금이야 '나야말로 숭고하며 아름다운 학문이로다' 하고 당당한 표정을 짓고 있지만 처음에는,

　"손가락으로 소를 세자니 빡세지 않음?"

　"맞아. 일단 바닥에다 소를 그려놓으면 되지 않을까?"

"소를 일일이 그리자니 겁나 귀찮네. 다리만 하나 그려놓겠음."

"그럼, 여기 '1'이라고 써놓은 걸 대충 소라고 할게."

"아, 그리고 이 십자 기호를 '소의 숫자를 더한다'는 뜻으로 하겠음."

이런 식으로 생겨나지 않았을까?(보나마나).

곱셈, 나눗셈, 실수, 허수, 지수, 로그, 미분, 적분, 필시 모두가 '일단 이런 기호를 만들어놓으면 편리하지 않을까?'라는 생각에서 어쩌다 보니 생겨난 것일 텐데, 그렇게 별생각 없이 만들어낸 것을 이리저리 주물럭거리며 머리를 굴리는 사이에 아름다운 정리나 세상의 진리를 발견한 셈이다. 어쩌다 보니 생겨난 것에 고민하고, 어쩌다 보니 생겨난 것의 아름다움을 뒤늦게 알아차린다. 피보나치뿐 아니라 수학 자체가 장엄한 우연이다.

생각건대 우리의 생명도 그렇게 시작되었다. 부모가 자식을 낳을 때조차 말이다.

"아직 태어나지도 않은 이름 없는 내 자식(가칭 X)은 분명 울보겠지만 그 아이가 운동회 같은 데서 눈물을 참고 열심히 달리는 모습을 보며 감동받고 싶어! 좋아, 낳자!"

"X의 행복은 분명 나의 행복일 거야! X를 행복하게 해주기 위해 낳자!"

이렇게 생각하는 사람은 없으리라. 형태도 이름도 없는 존재에 감정이입을 하거나 사랑할 수는 없으니 그럴 테지. 아름다운 존재를 낳자는 생각에 낳는 것이 아니라, '아이가 필요해'라는 자의식에 따라 일단은 낳아보았다, 낳아보았더니 울보였더라, 울보인 아이를 돌보는 사이에 애정이 싹텄다, 애정이 싹트자 아름다움을 느꼈다 등의 흐름으로 부모와 자식의 관계는 맺어진다. 자신이 어쩌다 보니 낳은 존재를 고민하고, 어쩌다 보니 낳은 존재의 아름다움을 뒤늦게 알아차린다. 가족의 아름다움 역시 장엄한 우연이다.

2012년, 가고시마의 여름, 그해 여름도 아마 더웠을 것이다. 아마 더웠을 테고, 아마 매미가 요란하게 울어댔을 테고, 아마 초등학생이 풍뎅이를 쫓아다니고 있었을 테고. 그리고 할머니는 말기 암이었다. 그해 여름, 우리 가족 넷은 살아생전의 할머니의 마지막 모습을 지켜보기 위해 멀리 떨어진 가고시마로 올라갔다. 할머니에게는 암이 어떤 상태인지 알리지 않았고, 마지막 순간을 집에서 조용히 맞이할 수 있도록 사촌네 가족이 할머니를 돌보기 위해 와 있었다. 남은 시간은 몇 개월 남짓이었다. 우리 가족이 다음에 할머니의 모습을 보게 될 때는 장례식이리라고, 할머니를 제외한 나머지 식구는 암묵적으로 알고 있었다. 그렇게 가고시마에서 여름을 보내고 있었다.

고등학교 3학년인 나는 초조했다. 중학교와 고등학교 때 학원이나 동아리 활동을 핑계로 좀처럼 가고시마에 가지 않았고, 이럭저럭 하는 사이에 할머니가 위독해졌다. 나는 아직 할머니에게 아무것도 해준 게 없는데…. 그 죄책감 때문에 그해 여름은 가능한 한 할머니에게 자주 살갑게 말동무를 해드리고, 되도록 손자로서 할머니에게 활기찬 모습을 보여드리려 했다. 할머니에게 선물 따윈 해본 적도 없으면서 가는 길에 신오사카역에서 발견한 고양이 장식품을 사가기도 했다. 나는 할머니에게 고양이 장식품을 내밀면서 "내가 집으로 돌아가더라도 이 고양이는 계속 여기 있을 거야"라고 말했다. 할머니는 크게 기뻐하지도 않으며 내 말을 조용히 듣고 있었다.

치매까지 앓고 있는 할머니가 무슨 생각을 하고 있었을

지는 아무도 모른다. 나를 당신의 손자라고 알아보셨는지조차 의심스럽다. 할머니의 입장에서 보면 처음 보는 고등학생이 대뜸 집으로 찾아와서는 "할머니, 할머니" 하고 친한 척하며 이상한 물건까지 건네주니 성가셨을지도 모른다. 내가 이제 와서 안달복달한들 예전의 할머니는 더 이상 여기에는 없는 것 같았다. 아등바등하는 나를 멀리서 남의 일처럼 바라보는 것 같았다. 때는 이미 늦은 것이다.

그해 여름, 그 고요한 시간만이 똑똑히 기억난다. 밤에 거실에서 사촌네 가족과 술자리를 가지던 중 할머니의 상태를 살펴보기 위해 홀로 침대로 다가갔던 시간. 아침 산책 중에 어쩌다 발을 들인 아무도 없는 풀숲에서 그저 바람 소리만을 듣고 있었던 시간. 젊은 시절의 건강한 할아버지와 할머니와 갓난아기인 내가 외출을 나가는 사진을 어슴푸레한 거실에서 멍하니 바라본 시간. 주변은 여름이니 아마도 여느 때와 마찬가지로 덥고, 매미는 요란하게 울어대는, 그 여느 때와 같은 활동적이고 가슴 뛰는 '움직임' 사이에 쏙 끼워진 '고요함.' 그렇게 고요한 시간이었다.

그리고 거기서 가장 깊은 곳, 호수 밑바닥 같은 다다미방 한구석에 할머니는 조용히 누워 있었다. 희미하게 날아드는 햇빛만이 일렁이는 차가운 호수 밑바닥. 그저 할머니의 체온으로 아주 살짝 데워진 물의 느지막한 대류와 접할 뿐인 시간. 여름은 조용한 시간을 날카롭게, 아름답게 빛내고 있었다. 내가 좋아하는 여름이었다.

마음은 초조하고 때는 이미 늦었지만 그럼에도 나와 할머니는 가족이었다. 필시 가족이란 그런 것이다. 어차피 처음부터 어쩌다 보니 낳고, 어쩌다 보니 만난 곳에서 시작된 관계다. 할아버지와 할머니가 어쩌다 보니 낳은 아버지가 성장해, 또다시 어쩌다 보니 나를 낳고 어쩌다 보니 손자가 되었다. 설령 너무 늦어서 할머니가 하나부터 열까지 깡그리 잊어버려서 나를 처음 보는 고등학생이라 생각했다 하더라도, 또다시 어쩌다 보니 모르는 고등학생으로서 만나게 되었다면 그걸로 충분했으리라.

왜냐하면 가족이란 장엄한 우연이니까. 어쩌다 보니 만나서, 성가시다 생각하다가도 뒤늦게 그 아름다움을 깨닫는 법이다. 그해 여름, 할머니의 마지막 여름, '웬 고등학생이 참 싹싹하게 말을 붙이더군.' 그렇게라도 기억해준다면 그걸로 충분하다. 분명 그걸로 충분했으리라.

그로부터 벌써 세월이 10년이 넘었다. 또다시 여름이 찾아왔다. 당연하다는 얼굴을 한, 아름다운 우연의 여름이다. 내가 좋아하는 여름.

　최근 들어 친구에게 자극받아 방에 꽃을 두기 시작했다. 이렇게 말하면 꼭 우아한 마담의 취미처럼 들리겠지만 걱정 마시길. 방은 여전히 지저분하니까. 일단은 창가에 놓인 책장 위 한구석에 화분 전용 공간을 확보하려는 중이다. 지금 있는 건 샛노란 해바라기. 지하철 역 꽃집에서 발견하자마자 어쩐지 이 녀석을 사야겠다는 생각이 강하게 들었다. 최근 혼자 방에 틀어박혀 연구하는 시간이 늘다 보니 옆에서 꽃이 꿋꿋하게 피어 있는 모습을 어쩌다 보게 될 때면 기분이 흐뭇해진다.

　그러고 보니 해바라기의 씨앗이 배열된 형태에도 피보나치수數가 숨어 있었다. 씨앗은 중심에서 바깥을 향해 나선형으로 배치되어 있는데, 오른쪽과 왼쪽 나선의 숫자를 세 보면 꼭 피보나치수가 된다. 실제로 우리집 해바라기도 세 보았다.

　21개와 34개. 정확히 피보나치수를 이룬다. 굉장해. 아름다워. 피보나치수를 알아보려던 게 아니라 그냥 직감적으로

구보네 집의 해바라기 꽃(구보 촬영)

샀을 뿐인데 참 아름다웠다. 장엄하고도 작은 우연이다.

여름의 진정한 아름다움이다.

비홀로노믹, 우주를 나는 꿈

꿈속에서 하늘을 나는 법을 완벽하게 마스터한 적이 있다.

대학 학부생 시절에 꾼 꿈이다. 장소는 학교 안이었다. 오가는 학생들의 무시하는 듯한 백안시白眼視 따윈 전혀 신경 쓰지 않은 채 나는 필사적으로 팔다리를 퍼덕이고 있었다. 하늘을 날려고 했던 거다. 처음에는 아무리 버둥거려도 몸이 허공에 떠오르지 않았다. 그런데 언제부터인가 갑자기 손바닥과 팔로 공기 덩어리를 꾹 밀어내며 몸이 들리는 듯한 느낌을 받았다.

그다음부터는 금방이었다. 손으로 공기를 밀어내고 몸이 들린 순간, 이번에는 곧장 다리로 공기를 걷어찼다. 동작과 동작 사이에는 순간적으로 중력에 끌려 내려가지만 지면으로 떨어지기 전에 다시 공기를 밀어냈다. 팔과 다리를 반동으로 움직여 몸의 균형이 무너지려 하지만 그럼에도 어떻게든 몸으로 버티며 쉴 새 없이 팔다리를 버둥거렸다.

처음에는 보고도 못 본 척 지나가던 학생들도 나의 몸이 서서히 허공으로 떠오르는 모습에 하나둘 걸음을 멈추고는 구경하기 시작했다. 이럭저럭 하는 사이에 정신을 차리고 보니 나의 몸은 엄청난 높이까지 떠올라 있었고, 눈앞에는 건물 4층 정도 되는 높다란 나무의 꼭대기 쪽 나뭇가지가 보였으며, 밑에서는 아연실색해서 나를 올려다보는 학생 무리가 보였다. 스스로의 힘만으로 허공에 떠오르는 방법을 마스터한 순간이었다.

꿈속에서 이미 허공에 떠오르는 방법을 마스터한 나는 그날 이후로 온갖 꿈에서 당연하다는 양 공중에 뜰 수 있게 되었다. 심지어 허공에 떠오를 뿐 아니라 날다람쥐처럼 팔을 벌려 활공까지 할 수 있게 되었다. 활공할 때는 팔을 퍼덕여봐야 위로 올라가지는 않으므로 고도는 천천히 낮아지지만 거기서 다시 조금 전처럼 팔다리로 공기 덩어리를 밀어내는 동작을 반복하면 다시 고도를 높일 수 있었기에 언제까지고 한없이 멀리 날 수 있었다.

한번은 집 옥상에서 날아올라 고요히 잠든 한밤의 거리를 내려다보고, 또 어느 때는 세계 유산 앞에서 가만히 팔다리를 버둥거려 허공으로 떠올랐고, 역사적 건축물을 공중에서 우아하게 구경하기도 했다. 바로 얼마 전에는 절벽 위의 체육관 같은 건물 안에서 슝슝 날아다니며 뮤지컬까지 선보였다. 무슨 소리인지 이해가 안 되겠지만 나 역시 마찬가지다.

깨어 있을 때 냉정하게 분석해보니 공기를 꾹 누르는 그 감촉은 수영의 크롤이나 평영을 할 때 물을 퍼내는 느낌을 머릿속에서 재현한 것이 아닐까 싶지만 꿈속에서는 그런 생각일랑 전혀 없이 당연하다는 듯 하늘을 날 수 있었다. 꿈이란 억압된 바람의 표출이라 하는데 아마도 나는 하늘을 나는 것에 이상하리만치 집착하는 모양이다.

인간이 허공에 떠 있을 때 자세 운동(신체 방향의 운동)은 흥미로운 성질을 보인다. 예를 들어 우주복을 입은 우주비행사가 주변에 전혀 붙잡을 것이 없는 우주공간에서 몸을 버둥거리며 방향을 바꾸는 모습을 생각해보라.

이 자세 운동의 기본적인 원리는 이른바 작용과 반작용

'차렷' 자세로
떠 있다.

팔을 든다
(작용).

몸은
반대로 돈다
(반작용).

팔을 내리면
원래 방향으로
돌아온다.

팔을 들면 몸의 방향이 바뀐다.

의 법칙을 따르는데, 이를테면 그림 ①처럼 '차렷' 자세로 떠 있는 상태에서 ②처럼 팔을 들면 그 반작용으로 몸은 반대 방향으로 돌아 방향이 바뀌게 된다.

뭐, 원리 자체는 그렇게 어렵지 않지만 우주비행사가 이 원리를 이용해 원하는 방향으로 마음껏 몸의 방향을 바꾸기란 사실 만만치 않다. 확실히 그림의 ① → ②처럼 팔을 들면 일시적으로는 몸의 방향을 바꿀 수 있지만 ② → ③처럼 다

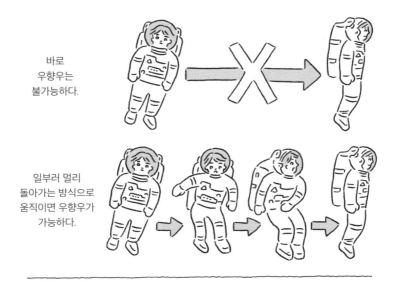

바로
우향우는
불가능하다.

일부러 멀리
돌아가는 방식으로
움직이면 우향우가
가능하다.

시 그대로 팔을 내려서 '차렷' 자세로 돌아가면 원래의 방향
으로 되돌아오고 만다. 마찬가지로 '우향우'를 하려고 허리
를 비틀더라도 다시 그대로 허리를 되돌리면 정면으로 돌아
오고 만다. 몸 전체의 방향을 바꿔서 '우향우한 뒤 차렷' 자세
가 되려면 단순히 몸만 비트는 것이 아니라 그림처럼 일단
은 다른 동작으로 우회한 뒤, 적절한 순서에 따라 '차렷' 자세
로 돌아가는 식으로 번거롭게 몸을 움직여야 한다. 인터넷
에는 우주비행사가 실제로 우주정거장 안에서 날렵하게 몸

동작을 바꾸는 영상도 있으니 한번 찾아보시길, 꽤 재미있을 테니까.

이처럼 '공중에 뜬 사람이 차렷 상태에서 우향우한 뒤 다시 차렷 상태로 이행하는 문제'는 사실 자동차를 주차장에 주차하는 문제와 무척 흡사하다. 예를 들어 평행주차의 경우, 차가 직접 옆으로 이동할 수는 없으니 일단 앞으로 나온 뒤 핸들을 꺾으며 후진하면 결과적으로는 옆으로 움직여 주차한 것이나 마찬가지임은 일상 속의 경험을 통해서도 알 수 있다. 이 사례에서도 '일부러 멀리 돌아가면 움직일 수 없는 방향으로도 움직일 수 있다'는 유사한 현상이 일어난다.

공중에 뜬 사람의 운동의 경우, 관절을 움직였을 때 매 순간 몸통이 회전하는 속도는 작용과 반작용의 법칙에 따라 정해진다. 작용과 반작용의 법칙이 몸의 회전 속도에 대한 구속 조건이 되는 셈이다. 마찬가지로 자동차의 운동 역시 매 순간 바퀴가 향하는 방향으로만 움직일 수 있다는, 속도에 대한 구속 조건이 주어져 있으므로 사실 이들 운동은 공통된 이론으로 취급할 수 있다. 이처럼 매 순간 물체의 (회전) 속도에 대해 구속 조건이 주어지는 운동을 전문용어로는 '비非홀로노믹nonholonomic 운동'이라고 한다. 허공에 뜬

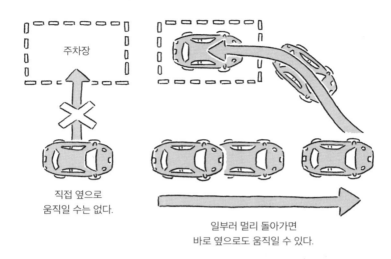

주차장

직접 옆으로
움직일 수는 없다.

일부러 멀리 돌아가면
바로 옆으로도 움직일 수 있다.

사람의 운동과 자동차의 운동이라니, 하나도 닮은 구석이 없어 보이지만 사실 수학적으로는 같은 이론이다. 수학이란 굉장하다.

'비홀로노믹? 그럼 홀로노믹은 뭔데!'라고 딴죽을 걸고 픈 분을 위해 설명해두자면 홀로노믹 운동이란 속도가 아닌 위치에 대해 구속 조건이 주어지는 운동이다. 예를 들어 전철처럼 레일 위에서만 움직일 수 있다는 조건이 주어진 운동이 전형적인 홀로노믹 운동이다. 이 경우, 아무리 기를 써도 전철은 레일 위에서밖에 움직일 수 없으므로 제어 분야에서는 시시한 문제인 셈이다.

앞서 언급한 두 가지 사례처럼 비홀로노믹 운동의 경우, 매 순간 자유롭게 움직이지는 못하지만 우회하는 방법을 쓰면 결과적으로는 다양한 상태에 자유롭게 도달할 수 있다는 흥미로운 성질이 있다. 이처럼 자유롭게 움직일 수 없으면서 요령껏 자유롭게 움직일 수 있다는 특징이야말로 비홀로노믹 운동의 가장 큰 재미라고 할 수 있다. 관점을 달리 하면, 일시적으로는 멀리 돌아가는 편이 결과적으로 지름길인 운동이라고도 할 수 있다. 다만 우회 경로를 제대로 설계하면 된다지만 그걸 어떻게 설계하느냐는 무척 어려운 문제다. 무엇을 숨기랴, 나 또한 앞서 말한 공중에 뜬 인간의 문제를 박사과정 시절부터 쭉 연구하고 있을 정도인걸.

자동차는 기껏해야 가감속과 핸들이라는 두 가지만 조작하면 되니 경험을 쌓으면 금방 능숙하게 운전할 수 있지만 공중에 뜬 사람이 원하는 대로 움직이려면 관절 10여 개의 각도를 동시에 조작해야 하므로 문제가 어려워진다. 간단한 운동 패턴은 우주비행사도 경험적으로 터득한다고 하나, 복잡한 운동을 직감으로 다루기란 쉬운 문제가 아니다. 끙끙

대며 수식을 늘어놓고, 어떡하면 이 문제를 풀 수 있을지 날마다 고심한다. 별 희한한 연구도 다 있다 싶겠지만, 알면 알수록 심오한 문제이기에 질릴 새도 없이 연구를 이어나가는 중이다. 만약 내가 그 꿈속에서처럼 하늘을 날 수 있다면 내가 연구한 방식을 이용해 누구보다 화려하게 몸의 방향을 바꿔 보일 텐데. 무척이나 아쉽다. 그 소소한 야망이 연구에 몰입하도록 강한 동기를 부여한다.

인생도 비홀로노믹 운동 같은 구석이 있다. 매 순간의 행동은 세상만사에 얽매여 있다. 숙제도 해야 하고, 세탁도 해야 하고, 돈도 벌어야 하고, 전철을 타야 하고, 식사도 준비해야 하고, 텔레비전도 봐야 하고, 모임에도 나가 친구도 만나야 하고, 어린이집에서 아이를 데려와야 하고, 동아리 활동도 해야 한다. 누구든 이렇게 별의별 일을 해치우지 않고선 살아갈 수 없다. 당신만의 인생, 언제나 자유롭게 살아라! 뭐, 맞는 말이지만 아마도 현실은 그리 녹록지 않다. 내일 당장 직장을 그만두고 하와이 해변가에서 탭댄스를 추며 살아가기란 물론 불가능하지야 않겠지만 실행하기 무척 어려운 일이다. 자동차는 옆으로 가지 못한다.

그럼에도 인생은 자유로울 수 있을까. 매 순간이 자유롭지는 않더라도 조금씩 앞으로 나아가거나, 뒤로 돌아가거나, 키를 꺾으면 어디로든 갈 수 있는 것일까. 레일 위만을 달리는 것이 아니라 자신의 팔다리로 액셀과 핸들을 조작할 여지가 있을까. 내일도 우리는 살아가기 위해 해야 할 일을 해야만 하겠지만 말이다. 그럼에도 인생은 비홀로노믹일까.

우주비행사 선발시험이 시작된다. 지난번 모집이 2008년이었으니 무려 13년 만의 공식적인 모집이다. 그 공백 기간의 길이는 물론이거니와 응모 자격에도 커다란 변화가 있다는 사실이 화제가 되었다. 키와 몸무게의 제약은 크게 완화되었고, 이공계 대졸자가 아니더라도 응모할 수 있는 등 전에 없이 문호가 넓어졌다.

하늘을 나는 데에 이상하리만치 매달린 나의 기묘한 집착이 싹튼 때는 꽤나 어린 시절까지 거슬러 올라간다. 정확히 언제였는지는 기억이 나지 않지만 언제부터인가 나는 지구 밖 우주에 나가고 싶었다. 우주비행사가 되고 싶었다. 초등학교 저학년 때에 벌써 우주비행사 말고는 되고 싶은 직업이 없었다. 당시 형이 갖고 있던 《13세의 직업소개소》라는 책을 빌려서 읽어본 적도 있지만 그 책에 실린 여러 직군을 살펴보아도 내가 하고 싶은 일은 역시나 우주비행사뿐이었다.

듣자하니 도쿄대학의 항공우주공학과가 역대 우주비행사를 배출한 곳이라는 사실을 알았을 때와 고등학교 입시 공부를 본격적으로 시작한 때는 같은 시기였다. 운 좋게도 나는 축복받은 학습 환경에 놓여 있었고 공부에 적성이 없는 편은 아니었기에 지역 최고의 입시 명문고에 합격할 수 있었다. 대학 수험에도 어찌어찌 합격해 곧바로 도쿄대학의 항공우주공학과에 진학했다. 물론 수많은 우여곡절과 좌절을 겪었지만 그럼에도 내가 정해진 레일 위에 앉아 있다는 감각은 유지하고 있었다.

우주비행사의 자격 요건은 기본적으로 건전한 심신과 영어를 포함한 의사소통 능력이었지만, 필요한 인재는 그때그때의 국제 정세나 JAXA Japan Aerospace Exploration Agency, 우주항공연구개발기구의 방침에 좌우되기 때문에 명확하지 않았다. 신규 졸업자를 우선 채용하는 것도 아니고, 몇 년 후에 찾아올지도 모르는, 아니, 애당초 다음 기회가 있는지도 알 수 없는 공식 모집을 하염없이 기다리지 않으면 기회조차 주어지지 않았다. 우주비행사로 적당한 나이에 그 공모가 나올지 어떨지는 그야말로 운에 달렸다. 그곳에 정해진 레일 따윈 준비되어 있지 않다. 목표로 삼으려 해도 어디로 나아가면 좋을지 알 수가 없다. 자신이 목표에 다가가고 있는지, 멀어져 가고 있는지조차 알 수 없다. 우주비행사란 직업이 그렇다.

물론 이런 정보는 꽤나 예전부터 알고는 있었지만 대학을 졸업할 무렵에 나는 그 사실을 뼈저리게 깨달았다. 당시 내가 정말로 되고 싶은 직업은 우주비행사뿐이었지만, 순조롭게 올라탄 줄만 알았던 올바른 레일 따위가 사실은 존재하지 않았다는 사실을 깨닫고 어찌할 바를 몰랐다. 어느 쪽으로 향하면 좋을지도 모른 채 나는 대학원에 진학해 아등바등 박사 학위를 받았다.

인생은 결코 미리 깔아놓은 레일 위를 그저 달리기만 하는 것이 아닐 것이다. 이는 희망이기도 하지만 절망이기도 하다. 분명 나는 앞으로 어디로든 갈 수 있고, 무엇이든 될 수 있다. 하지만 지금 내가 향하는 방향에서 우주로 다가갈 수 있을지는 모른다. 인생은 수식으로 모델화할 수는 없다. 운동을 해석해서 최적의 경로를 계산하기란 불가능하다. 그렇다고 해서 자동차를 주차장에 주차할 때처럼 핸들을 어떻게 꺾으면 되는지를 경험적으로 익히기도 불가능하다. 인생은 한번뿐이니까. 믿었던 길을 걸어간 후에야 그 길이 옳았는지 아니었는지를 알게 될 뿐이다. 무엇과도 바꿀 수 없는 나의 인생은 어차피 한번뿐인데. 시험 삼아 걸어본 방향이 틀렸다 해도 재시작 따윈 할 수 없다.

고대하던 공개 모집이지만 솔직히 자신은 없다. '드디어 시작됐구나' 하는 마음보다는 '드디어 시작되고 말았구나'라는 마음이 더 강하다. 내게 부족한 점을 헤아려보면 끝이 없다. 믿고 있었던 레일 따윈 존재하지 않는다는 사실도 안다. 하지만 절망감에 삼켜지고 싶지는 않다. 한번뿐인 인생이지만, 한번뿐인 인생이기에 엷은 희망이 있다면 그 희망을 긁어모아 전진하고 싶다.

나는 분명 누구보다도 능숙하게 하늘을 날 수 있다. 꿈속에서 내가 하늘을 얼마나 많이 날았는데. 절벽 위의 체육관 같은 건물 안에서 양끝을 슝슝 날아다니면서 뮤지컬까지 했다고! 그게 뭔 소리야! 무슨 소린지 모르겠지! 나도 몰라! 너희들은 할 수 있냐? 못하지! 어때, 내가 이겼지? 하늘은 내가 제일 잘 난다고!

꿈이란 억압된 소망의 표출이라고 하는데, 아무래도 하늘을 나는 꿈은 향상심向上心이나 성장에 대한 바람을 나타내

는 듯하다. 어떤 길을 따르면 우주로 갈 수 있는지 따윈 모른
다. 멀리 돌아가는 것처럼 보여도 사실은 그 길이 지름길일
수도 있다. 인생은 비홀로노믹이니까. 그 사실을 희망이라
믿고 앞으로 나아갈 수밖에.

이불이 좋으니까, 톨레미의 정리

겨울철 이불이 너무너무 좋다.

그 시절 내 잠자리는 2층 침대였다. 언제부터 사용했는지 모를 나무로 된 낡은 2층 침대. 당시의 사택에서는 형과 방을 함께 써야 했기에 칸막이도 뭣도 없는 그 방 안에서 2층 침대의 아래층이 내게 유일하게 주어진 개인 공간이었다. 사방이 침대 틀에 둘러싸여 격리된 공간과 다를 바 아니었고, 이불을 머리까지 뒤집어쓰면 순식간에 나만의 비밀기지가 되었다.

두툼한 겨울 이불은 특히 좋았다. 겨울 이불 안으로 꼼지락꼼지락 기어들어가면 바깥세상의 소리는 몽글몽글 녹아버린다. 겨울방학에 해야 하는 100칸짜리 수학 숙제도, 오늘 싸운 친구 Y와 내일 또다시 봐야 한다는 사실도, 내 삶에 들러붙는 온갖 성가신 일은 멀어지고 포근한 나 혼자만의 세계로 진입한다. 그 세계가 좋았다. 나는 그 세계의 보살핌을 받았다. 겨울 이불의 보살핌을 받고 있었다. 그래서 나는 겨울 이불을 무척이나 좋아한다.

무슨 소리인지가 들린다. 아마 음악소리인가 보다. 알람이 울린다. 기상 알람. 잠이 덜 깬 채 나도 모르게 '정지' 버튼을 톡톡 때렸고, 몇 번의 터치에 아이폰이 울음을 멈추자 어김없이 아침이 찾아왔다. 그날도 추운 겨울이었다. 잠이 덜 깬 눈으로 중얼거린다. 중얼거리며 버릇처럼 트위터를 흐린 눈으로 읽어 내려갔다. '긴급 사태 선언'이라는 글자가 실시간 트렌드의 맨 위쪽을 크게 차지하고 있었다. 하지만 그 글자의 냉엄함이 호들갑처럼 느껴질 만큼 겨울 이불 안은 변함없이 포근했다.

알람 30분 전에 난방기기 타이머를 맞춰놓았기 때문에 방은 충분히 따뜻했고, 내가 숙면 중에 내뿜은 열은 후끈후끈하게 이불 안을 감쌌으며, 커튼 사이로 내리쬐는 한 줄기 날카로운 햇빛은 이불 앞에서 오도가도 못하고 있었다. 바깥세상은 긴급 사태를 맞아 위험했지만 나의 세계는 이토록 따뜻하게 겨울 이불의 보살핌을 받고 있었다.

'지킨다'라는 행위를 이렇게까지 의식하던 시대가 있었을까. 마스크, 페이스 실드, 마우스 실드, 아크릴 파티션, 휴대용 알코올 젤, 목에 거는 공기청정기. 사람과의 접촉은 위험하고, 여러 사람과의 회식도 위험하며, 귀성 역시 위험하다. 바깥세상은 너무나도 위험하기에 우리는 지금 의식적으로 자신을 지켜야만 살아갈 수 있다. 정말이지 무서운 시대다.

다만 무서운 시대라고 생각은 하면서도 원래부터 세상은 사실 위험하지 않았을까 하는 생각도 함께 든다. 원시인들은 언제 자신이 먹잇감이 될지 모르는 상황에서도 불을 피워서 스스로를 지켰다. 태풍·홍수·지진·해일·화재 등 항상 위험이 도사리고 있는 세상 속에서 살아가는 우리 인간은 다양한 과학기술을 동원해 스스로를 지켜왔다. 현재는 기술이 상당히 진보해 체감할 수 없을지 모르지만 역시 세상은 본디 위험한 것이다.

그리고 그중에서도 우주가 가장 위험하다. 그야말로 위험 오브 위험이다. 위험 오브 조이토이라 해도 과언이 아니다.

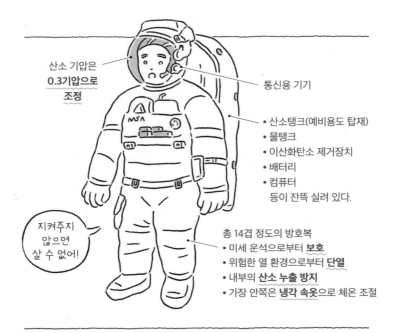

산소 기압은 **0.3기압으로 조정**

통신용 기기

• 산소탱크(예비용도 탑재)
• 물탱크
• 이산화탄소 제거장치
• 배터리
• 컴퓨터
  등이 잔뜩 실려 있다.

지켜주지 않으면 살 수 없어!

총 14겹 정도의 방호복
• 미세 운석으로부터 **보호**
• 위험한 열 환경으로부터 **단열**
• 내부의 **산소 누출 방지**
• 가장 안쪽은 **냉각 속옷**으로 체온 조절

에로테러리스트*도 깜짝 놀랄 만큼 위험한 우주공간에서는 오만 가지 수단을 총동원해 단단히 자신을 지켜내야 한다. 예를 들어 우주복을 보면 그 일이 얼마나 어려운지를 잘 알 수 있다.

---

* 대만 출신 그라비아 모델인 인링의 별명으로, 인링 오브 조이토라는 예명 으로도 활동했다.

숨을 쉴 수 있도록 산소를 보내주고, 물도 빨대로 마실 수 있게 하고, 토해낸 이산화탄소도 제거하고, 작은 운석으로부터 보호해주고, 태양열로부터 지켜주고, 동시에 그늘의 추위로부터도 지켜주고, 물 튜브가 지나가는 속옷으로 체온을 조절해주고, 기압은 되도록 지상과 동일하게 맞춰주고, 그렇다고 풍선처럼 빵빵하게 부풀었다간 움직이기 어려우니 0.3기압으로 절묘하게 제어해주고…. 이 정도까지 하지 않으면 우주라는 위험한 세계에서 우리 인간은 가만히 살아 있기조차 불가능하다.

반대로 생각해보면 우리는 이러한 위험 오브 조이토이한 우주로부터 항상 철저히 보호받으며 지구상에서 살아간다. 이산화탄소를 내뱉으면 식물들이 알아서 마셔주고, 굳이 산소통을 준비하지 않아도 얼마든지 신선한 산소를 공급해주고, 대기층 덕분에 기온은 너무 덥지도 춥지도 않을 만큼 자동으로 조절되고, 작은 운석은 대기권에서 타서 사라지고, 기압은 그다지 변동하지 않고, 물은 돌고 돌아 정화되고, 태양에서 날아드는 강력한 방사선은 자기장이 막아준다.

평소에는 너무나 당연해서 알아차리기 힘들지만 우리는 이 위험한 세상에서 철저히 보호받으며 살고 있다. 보호를 받지 못하면 살아갈 수조차 없다. 아무리 우락부락한 형님이든, 무적의 논리로 치고 들어오는 비즈니스맨이든, 절대적인 자신감에 카리스마 넘치는 헤어 디자이너든, 실제로는 모두 갓난아기처럼 연약하다. 그리고 이 세상은 너무너무 위험하다.

어른이 된 지금은 그럭저럭 익숙해졌지만 아마 어린아이는 어른보다 그 위험을 현실적으로 맞닥뜨리고 있을 것이다. 갓난아기 시절은 집안에서 양육자의 살뜰한 보살핌을 받으며 안전하게 지내다가도, 일단 어린이집을 다니기 시작하면 낯선 또래 아이들과 어울려야 하고, 좀처럼 친구도 사귀지 못하고, 옆자리의 장난꾸러기 꼬맹이에게 놀림도 당하고, 달리기를 잘하는 친구의 잘난 척도 들어주어야 하고, 그럼에도 사이좋게 같이 놀아야만 하고, 부모님의 말다툼 따위에도 끼어들게 되고, 그러다 어린애 주제에 건방 떨지 말라는 말이나 듣고, 그러다 영문도 모른 채 구구단을 외우게 되고, 구구단을 못하면 보충수업이라는 꼬리표가 붙게 되면서, 무엇과도 바꿀 수 없는 존재여야 할 '나'는 집단 안에 매몰되어 간다. 갓 태어난 우리는 우주복도 없이 거의 무방비 상태로 그 위험한 우주에 던져지고, 제대로 숨을 돌리는 방법조차 모른 채 하루하루를 살아가는 셈이다. 그래서 어린아이는 필사적이고, 눈물도 많으며, 싱그럽다. 나 또한 그랬다.

그렇다. 세상은 무척이나 위험하고, 무척이나 위험했다. 필사적으로 스스로를 지키지 않으면 살아나갈 수 없었다.

뭐였더라. 언제 적 일이었더라, 그건.

정기 시험이었다, 중학생 때. 평범한 공립 중학교에서 나는 기대를 한몸에 받고 있었다, 엄청나게. 다섯 번 연속 학년 1등, 그래 그러니까, 이번에도 지켜야 한다. "뭐야, 보나마나 또 100점일 거면서"를, 지켜야만 한다.

"시험지 돌려줄 테니까 받아가라." "에이… 어차피 뻔한데." "이 반에 100점은 1명밖에 없구나." "우….." "야, 보나마나 너 아냐?" 어떡하지, "1명이면 당연히 쟤겠지!" 내가 아니면, 어떡하지, 기대감을 지켜야 하는데, "자, 축하한다." 아아, "거봐, 너 맞잖아." 휴우, "난 줄 알았는데." 아, 지켜냈다. 이번에도 지켜버렸다. 500점 만점에 495점, 중학교 정기 고사, "뭘 틀렸는지 세는 게 더 빠를 듯." 여섯 번 연속, "쟤, 장난 아니다." 일곱 번 연속, 공부, 나는, 지켜야만 한다, 지키기 위해, 게임은, 좋아, 좋아하지 않는다, 좋아, 좋아하지 않

는다, 좋아, 좋아하지 않는다, 좋아하지 않는다. "이 성적이
라면." "최고 명문고도 거뜬하겠다." 공부, 지켜야만 한다,
"최고 명문고도 충분히 노릴 만하겠어." 공부, 지키기 위해,
만화는, 필요하다, 필요하지 않다, 필요하다, 필요하지 않
다, 필요하다, 필요하지 않다, 텔레비전은, 좋아한다, 좋아하
지 않는다, 예능 프로그램, 좋아한다, 좋아하지 않는다, 좋
아한다, 좋아하지 않는다, 정기 고사, 여덟 번 연속, "야, 천
재." "이것 좀 가르쳐주라." 인수분해, 지켜야만, 공부, 지켜
야만, 인수분해는 거듭제곱으로, "진짜 똑똑하다." 삼각형을
겹치면 메넬라오스Menelaos*의 정리, 기대감, 위험, 지키기 위
해서, 이것은, 좋아한다, 좋아하지 않는다, 좋아하지 않았나,
이건, 필요하다, 필요하지 않다, 필요, 했었나, 필요하다는
건 뭐였더라, 그건, 좋아한다, 좋아했었나, 좋아한다는 건,
뭐였더라, 좋아한다는 건 어떤 느낌이었더라, 공부, 공부, 지
켜내면, 모두가 상냥했다, 공부는, 공부는, 좋아했었나, 나
는, 내접사각형에는 톨레미의 정리,** 공부는 좋아했었나, 열

* 고대 그리스의 천문학자이자 수학자이다. 메넬라오스의 정리는 삼각형의 각
  변과 그 연장선이 1이 성립된다는 것으로, 메넬라오스가 발견했다.
** 내접사각형에서, 서로 상대하는 변의 곱의 합이 대각선의 곱과 같다는 정리

80

두 번 연속, 좋아한다는 건 어떤 느낌이었더라. "애가 참 공부를 좋아하네요." 이건, 좋아하는 거였나, 하지만, 모두가 상냥했던 것을, 똑똑히 기억한다, 그, 안도감을 기억한다, 그래서, 아무 생각 없이 미친 듯이 공부했던 것을 기억한다, 중학생 시절.

그래, 그랬다. 어린 시절 이 세상은, 우주는 무척이나 위험한 곳이었고, 그 안에서 나는 나라는 존재를 지키기 위해 언제나 필사적이었다. 오로지 나라는 존재의 안전을 지키기 위해, 자신의 감정에, 좋아하는 것에, 욕망에, 한없이 소홀해질 수 있었다. 고등학생이 되어서야 나는 생일에 무엇이 갖고 싶으냐는 말에 "공책하고 문구용품"이라고 말했다. '공책이랑 문구용품이면 돼'라고 생각했던 것 같다. 왜냐하면, 두꺼운 겨울 이불을 뒤집어쓰면 바깥세상의 소리는 몽글몽글하게 녹아버리니까. 지킨다는 것은 배제한다는 것이니까.

나는 여전히 '좋아한다'라는 감정에 이따금씩 당혹감을 느낀다. 뭔가를 '갖고 싶다'라는 느낌이 그다지 와닿지 않을

로, 프톨레마이오스의 정리라고도 한다.

때가 있다. 누군가가 좋아지는 느낌에 자신이 없어질 때가 있다. 이는 내가 이 우주에서 살아가는 데 필요한, 필요했던 우주복이다. 우주복이자 이불이다. 나라는 존재를 지켜준 두툼한 이불. 내가 무척 좋아하는, 무척이나 좋아했던 겨울 이불.

　　그날도 겨울날 아침이었다. 커튼 사이로 내리쬐는 햇빛은 윤곽이 조금씩 희미해지며 짧아져간다. 내 이불에서 멀어져간다. 그 모습을 보며 살짝 안심한다. 바깥세상은 내 이불에 침입하지 못한다. 트위터도, 긴급 사태 선언도 내 이불 속으로 들어오지 못한다. 나는 이불에서 좀처럼 나가지 못하고 있다.

　　그 무렵, 나무로 된 낡은 2층 침대 안, 이불이 지켜주는 나만의 세계 속에서 온갖 망상을 즐겼다. 불꽃을 조종하는 능력을 사용해서 악당으로부터 반 친구들을 구해내는 망상, 어느 날 전학 온 귀여운 아이가 나를 보고 한눈에 반하는 망상, 갑자기 야구의 재능이 미친 듯이 폭발해 팀의 영웅이 되는 망상.

　　어느새부터 잠들기 전 혼자만의 시간이 좋아졌다. 나는

특별한 사람이 되고 싶었다. 그리고 그 이불 안에서만큼은 아무런 노력 없이도 특별한 사람일 수 있었다. 인수분해, 메넬라오스의 정리 등을 모두 몰라도 모두의 영웅이 될 수 있었다. 그 이불 안이 위험한 우주에 덩그러니 떠다니는 나의 유일한 사적 공간이었다.

커튼 사이로 내리쬐는 햇빛은 점점 멀어져간다. 태양에서 날아드는 강렬한 방사선은 지구 주변의 자기장이 막아준 덕분에 지상에까지 다다르지 못한다. 그러니 어쩌면 저 커튼 사이로 내리쬐는 햇빛에 쪼인다 해도 별 탈 없을지도 모른다. 이불 밖으로 나와 커튼을 열어젖히더라도 세상은 의외로 따뜻할지도 모른다.

겨울날의 아침이 지나간다. 그때는 오로지 2층 침대뿐이었는데, 지금은 방 하나가 통째로 사적인 공간이다. 이 거대한 공간 구석에 나는 홀로 드러누워 있다. 긴급 사태 선언으로 연구소는 다시 한 달 동안 출입 금지가 될 것이다. 나는 이 염원하던 사적인 공간을 또다시 1개월 동안 독점하고 말리라. 그건 잘된 일일까. 자취는 좋아했던가. 좋아한다, 좋아하지 않는다, 좋아한다, 좋아한다는 건 어떤 느낌이었더라. 내접사각형은 톨레미의 정리였던가. 나에게도 좋아하는 것이 있었던가. 누군가를 좋아하려면 어떻게 해야 되는 거였더라. 톨레미의 정리를 좋아하려면 어떻게 해야 되는 거였더라.

두툼한 겨울 이불을 나는 정말로 좋아했을까.

좋아한다, 좋아하지 않는다, 좋아한다, 하지만 여전히 나는 이불 밖이 두려워 나오지 못하고 있다.

중량 리소스, 유한한 사랑

분명 포켓몬 카드였다.

모든 카드에 반짝반짝하게 무슨 가공을 해놓은 카드였다. 카드게임용 카드가 아니라, 과자를 사면 봉지 안에 덤으로 들어 있는 수집용 카드. 포켓몬이 유행하던 당시에는 유치원 친구들 모두가 경쟁하듯이 이 카드를 모으곤 했다.

"유키, 네 카드 접어놔. 안 그러면 내 카드하고 헷갈린다고."

다이는 이렇게 말하더니 반짝거리는 내 포켓몬 카드의 네 귀퉁이를 모두 꾹꾹 접었다.

"자, 이러면 뭐가 유키 카드인지 알아볼 수 있지."

반짝반짝했던 내 포켓몬 카드의 귀퉁이에는 지렁이 같은 네 줄의 금이 생겼다. 그걸 바라보는 다이의 얼굴은 만족스러워 보였다. 그때 내가 다이에게 무슨 말을 했는지는 잘 기억이 나지 않는다. 울지는 않았던 것 같은데. 어쩌면 "고마워, 다이"라고 말했을지도 모른다. 기억이 나지 않는다. 다만 레이스 커튼을 뚫고 내리쬔 햇빛이 다이의 집 바닥에 늘어놓은 반짝반짝한 카드를 한층 더 반짝반짝하게 하던 장면만 기억난다.

그날의 창가를 기억하고 있다.

오늘도 집에서 재택근무 중이다. 창가 책상에 앉아 잠이 덜 깬 상태로 일단 10초 정도 아침 햇빛을 쬐고 컴퓨터 화면에 빛이 반사되지 않도록 곧바로 커튼을 여민다. 자, 설계하자, 설계. 무사히 진행된다면 내후년에 우주정거장으로 날려보낼 로봇의 초기 설계다. 지금까지의 견적으로는 규정된 중량을 초과하므로 어떻게든 중량을 덜어내 다시 설계해야 한다. 무거운 몸을 일으켜 무거운 3D 제도 소프트웨어를 활성화한다. 아침 햇빛으로부터 차단된 방의 칙칙한 공기를 컴퓨터 쿨러가 열심히 뒤섞는다. 나도 머리를 마구 헝클어뜨리며 아이디어를 짜낸다.

우주비행체를 설계할 때는 제한 중량을 엄수하는 것이 무엇보다 중요하다. 우주 발사선은 중량을 아슬아슬한 수준까지 줄여야만 비로소 우주로 쏘아올릴 수 있다. 그래서 당연히 로켓에 실을 우주비행체의 중량에 관해 "○○kg까지 줄이세요!"라는 엄격한 지시를 받게 된다. 그리고 그렇게 지시받은 중량 안에서 각 시스템의 균형을 절묘하게 조정해, 딱 알맞게 전체적인 시스템을 구성해야만 우주비행체는 임무를 수행할 수 있다.

예를 들어 비행기 역시 중량을 적절히 배분하지 못하면 날지 못한다. '가능한 한 가볍게 몸체를 유선형으로 만들겠어요!'라고만 했다간 비행기가 비실비실해져 버리고, '역시 강력한 엔진을 써서 파워로 승부를 봐야지!' 하고 떵떵거렸다간 엔진만 무지막지하게 커다란 비행기가 된다. 그리고 '만에 하나 새와 부딪치더라도 부서지지 않도록 튼튼하게 만들어야지…'라고 했다간 철골이 그득그득한 비행기가 되고 만다. 한정된 중량을 날개·엔진·동체 모두에 절묘한 균형으로 배분해야만 비로소 비행기는 하늘을 날 수 있다. 이러한 중량 배분은 한정된 자산(리소스)을 배분해나가는 것과 비슷

하므로 배분이 가능한 전체 중량을 가리켜 '중량 리소스'라 부른다.

우주비행체의 경우에도 그렇다.

"좋아, 저 소행성의 모래를 퍼오자!"

"저 소행성에 가려면 연료를 이 정도는 채워야 해."

"그럼, 이 카메라도 꼭 가져가야 해요."

"아, 하지만 착륙하기 전에 컴퓨터가 망가졌다간 말짱 꽝이니까 예비용이 필요하겠는걸."

"아뇨, 예비용을 실을 여유는 없으니까 성능이 나쁘더라도 잘 망가지지 않는 컴퓨터로 타협을⋯."

"저기요, 채취한 모래를 이 장치로 그 자리에서 분석하고 싶은데요."

"아니, 그 장치를 실으려면 카메라는 가져가지 못하겠는데⋯."

"그럴 거면 왕복이 아니라 편도로 해서 연료를 절약할 수는 없을까요?"

"아니, 무조건 왕복해야 해!"

"미안한데, 그럼 좀 더 연료를 절약하는 쪽으로 계산해 줄래?"

"가능은 하지만 시간이 배로 드니까 고장 날 확률이 제법 높아진다고."

"우와아아아앗!!!"

하고 마지못해 A를 위해 B를 희생하는 식으로 설계를 진행한다. 특히 우주공간에서는 열이나 방사선 때문에 기기가 망가지기 쉬운 데다 망가지면 기본적으로는 두 번 다시 수리할 수 없는 혹독한 세계이므로 그 안에서 얼마나 교묘하게 중량 리소스를 분배해 임무의 성공률을 높여나갈지가 중요하다. 우주공학이라 하면 '세계 최고 성능의 기계를 몽땅 때려 박아주겠어!'라는 이미지가 있을지도 모르나, 실제로는 현실적이고 안전한 방안을 우선하거나 기능을 덜어내는 결단의 반복이다.

이는 우주비행체에만 국한된 이야기도 아니다. 가만 생각해보면 세상일은 대개 정해진 리소스를 잘 분배해야 비로소 성립된다. 이를테면 인간도 소화·흡수한 음식물을 통해 체내에서 만들어낼 수 있는 에너지 리소스는 정해져 있으므로 그 리소스를 뇌·근육·내장·눈·코에 적절히 분배해야 생물로서 시스템이 성립된다. '눈이 두 개인 것보다 세 개인 편이 더 많이 볼 수 있으니 좋지 않아?'라고 생각할지도 모르지만 눈이 늘어나면 그만큼 눈에 써야 하는 에너지가 늘어날 테고, 세 개의 안구에서 받아들인 영상을 처리하려면 뇌에도 그보다 많은 에너지가 필요해진다. 개처럼 예민한 후각도, 고양이처럼 민감한 청력도, 있으면 어딘가에는 유용하겠지만 그만큼 리소스를 할애해야 하니 무조건 많은 편이더 낫다고는 볼 수 없다.

진화의 가능성은 무한하지만 리소스는 언제나 유한하다. 지금 현재 인간이라는 생물이 최적의 형태를 갖춘 생물인지는 모르겠으나 적어도 인간은 무한한 가능성 안에서 유한한 리소스로 성립된 하나의 시스템으로 설계되어 있다. 즉 설계란 가능성을 덜어내는 과정이다. 자신이 가진 리소스의 한계를 받아들이고 타협해나가는 과정이다.

그래서 설계는 어렵다. 변함없이 내 컴퓨터의 쿨러는 열심히 열기를 붕붕 뒤섞는 중이고, 나 또한 머리를 북북 헝클어뜨리며 설계안을 짜내고 있다.

그날, 지렁이 같은 금이 그어진 내 포켓몬 카드를 보고 어머니는 나 대신 화를 냈다. 아들이 아끼는 카드를 몽땅 접어버린 다이에게. 하지만 나는 괜찮다고 말했다. 그러면 다이의 카드와 내 카드를 구분할 수 있으니까. 그러는 편이 낫다고 다이가 그랬으니까. "나도 그럼 됐어" 하고 다이한테 말했으니까. 나는 다이를 두둔했다. 그 말을 듣고 어머니는 잠시 할 말을 잃은 듯 보였다.

부모님이 맞벌이를 해서였을까? 다이는 항상 할머니 댁에서 지냈다. 다이의 할머니는 다이의 응석을 모두 받아주었다. 다이가 원하는 것은 무엇이든 다 사주었다. 그래서 다이는 나에게는 없는 장난감을 엄청 많이 가지고 있었다. 게임보이 팩, 반짝반짝한 포켓몬 카드, 유희왕 카드, 모두 나보다 훨씬 많이 가지고 있었다.

나는 다이와 자주 놀았다. 나보다 두 살 위의 다이는 터울이 적은 형처럼 나와 놀아주었다. 다이는 내게 자주 심술을 부렸다. 다이는 못된 장난도 많이 알고 있었다. 가면 안 된다고 하는 장소에도 나를 데려가곤 했다. 줄곧 함께였지만 다이와 노는 게 재미있어서 같이 있었는지는 잘 모르겠다는 느낌이 든다.

어느 날 저녁, 나와 어머니가 집으로 돌아가는 길에서 편의점으로 향하던 다이와 마주쳤다.

"유키, 나 지금 편의점 가는 길인데. 유희왕 사줄까?"

다이는 할머니한테 받은 용돈이 많았다. 유희왕 카드를 한번에 열 팩이나 살 수 있을 정도로 용돈이 넉넉했다. 어머니는 "미안, 그만 가봐야 하거든" 하고 다이에게 말한 후 잰 걸음으로 바로 내 손을 잡아끌며 집으로 향했다. 그때 어머니의 얼굴은 거의 난생처음 보는 표정이었다. 입술을 깨문 채 눈가에 주름을 힘껏 모으며 똑바로 앞을 쳐다보고 있었다. 나로서는 왜 어머니가 다이의 호의를 거절했는지 도통 알 수가 없었다. 모처럼 유희왕 카드를 사준다는데, 아깝다는 생각이 들었다. 저녁이었다. 집 앞 거리에 내리쬔 저녁놀은 판화처럼 극명하게 거리에 음영을 덧대고 있었고, 오렌지색으로 물든 거리 너머로 다이는 혼자 사라졌다.

다이는 사랑받고 있었을까. 사랑을 제대로 흡수하고 있었을까. 할머니로부터의 사랑을. 부모님으로부터의 사랑을. 사랑의 리소스는 유한하다고 생각한다. 체내에서 소화하고 흡수해낸 만큼의 사랑 말고는 다른 누군가에게 제대로 건네줄 수 없을 것이다.

어쩌면 다이는 할머니의 사랑 속에서 허우적대고 있었을지도 모른다. 흡수할 수 없을 정도의 사랑을 받아서 소화불량에 걸렸던 것일지도 모른다. 그래서 내게 카드를 사주려고 했던 걸까. 구토하듯이 억지로라도 사랑을 토해내지 않으면 숨을 쉴 수 없는 지경이었던 걸까. 어머니는 그 사랑이 올바르지 않음을 알았기에 유희왕을 사준다는 말을 뿌리친 걸까. 그때, 지렁이처럼 금이 난 내 포켓몬 카드를 보고 어머니가 화를 낸 이유는 나를 향한 사랑이었을까. 그렇다면 내가 다이를 두둔했을 때의 사랑은 어머니로부터 받은 만큼의 사랑이었을까. 그렇다면 나는 또다시 여분의 사랑으로 다이를 허우적거리게 한 걸까.

사랑에 목마른 자취남에게 편의점 반찬은 몇 시간 분의 사랑을 제공한다. 명란 버터맛 감자스틱은 언제 먹어도 나를 사랑으로 채워준다. 감자칩도 그렇다. 2리터짜리 차도 1+1의 반값으로 살 수 있으니 사랑이다. 이것도 사랑. 저것도 사랑. 돈으로 살 수 있는 사랑. 내 장바구니는 사랑으로 채워진다.

매주 일요일은 가만히 있어도 포인트가 다섯 배였는데, 언제부터인가 포인트 업 우대권을 내지 않으면 포인트를 챙겨주지 않는다. 우대권은 정해진 날에만 사용할 수 있고 지갑에 넣어두면 불룩해진다. 그런데 언제인가부터 우대권을 제시해도 포인트를 세 배밖에 높여주지 않는다. 아마도 더 이상 나의 방문이 반갑지 않은 모양이다. 그러니 하다못해 장바구니에 담은 사랑만큼은 잃어버리지 않도록 서둘러 비닐봉투를 채운다. 비닐봉투도 전에는 잔뜩 받아올 수 있었는데 지금은 돈을 받는다. 이 편의점은 더 이상 내게 사랑을 줄 여유가 없는 듯하다. 이는 결코 나를 골탕 먹이려고 하는 짓이 아니라, 그저 이곳도 사랑의 리소스가 충분치 않은 것뿐이리라.

비닐봉투를 가득 채워서 밖으로 나와 보니 횡단보도에 모르는 아저씨가 쓰러져 있었다. 그 옆을 몇몇 사람과 자동차가 스쳐 지나가고 있을 뿐이었다. 그때 차 한 대가 멈추더니 아저씨 한 분이 튀어나와 쓰러져 있는 아저씨 쪽으로 달려갔다. 아저씨는 전혀 움직임이 없었다. 달렸다, 나는. 사랑이 부족한 편의점으로 서둘러 발을 돌렸다.

"여기 AED Automated External Defibrillator, 자동심장충격기 있나요? 저 교차로에 사람이 쓰러져 있어서요."

"네. AED는 서비스 카운터에 있습니다."

그쪽으로 달려갔다. 비닐봉투에 꽉꽉 채워둔 사랑은 너무 무거운지 내가 한 발짝 내디딜 때마다, 비닐 손잡이가 내

손가락을 파고들었다. 이렇게나 무거운 사랑을 나는 집에서 혼자 다 소화해낼 수 있을까. 그럼에도 달렸다.

"저기, 교차로에 사람이 쓰러져 있어서 그러는데 AED 좀 가져가겠습니다."

서비스 카운터의 아주머니는 놀란 표정을 하고 있었다. 나는 AED와 비닐봉투에 가득한 사랑을 움켜쥔 채 또다시 달렸다. 비닐봉투는 점점 손가락을 파고들었다. AED에는 붉은색 하트가 그려져 있었다.

나는 지금 저 모르는 아저씨에게 사랑을 주려는 것일까. 어째서 귀중한 리소스를 구태여 나누려 하는 것일까. 자취 생활은 이다지도 충분치 못한데, 왜 그럼에도 사랑을 나눠주려 하는가. 리소스 배분에는 문제가 없으려나. 왜냐하면 설계는 무한한 가능성을 유한하게 거둬들이는 작업이다. 자신에게 버거운 사랑은 덜어낼 수밖에 없다. 그런데, 어째서일까. 어째서 아직 가능성을 덜어내려 하지 않는 것일까. 나에게 사랑은 전혀 충분하다는 느낌이 안 드는데.

신호 대기. 쓰러져 있던 아저씨는 여전히 움직이려는 기미가 없었고, 그 주변을 두세 명이 에워싸고 있었다. 한 여성이 전화로 구급차를 부르고 있다.

"저기요! AED 가져왔는데 필요하신가요!"

차들이 달리는 도로를 사이에 두고 소리쳤다.

"숨은 쉬는 것 같으니까 아마 괜찮을 거 같아요!"

"알겠습니다! 일단은 가지고 갈게요!"

모르는 아저씨. 아무 상관도 없는, 우연히 마주친 몇몇 사람이 쓰러진 아저씨의 안전을 확인하고 있었다.

"호흡 횟수는 1분에 15번 정도니까 정상이네요."

"맥박도 괜찮은 것 같아요."

"도로에 나와 있으면 위험하니까 되도록 목이 움직이지 않게 해서 옮기죠!"

"허리 쪽을 한 분만 더 들어주세요!"

내 삶에 정말로 사랑이 부족했을까. 어쩌면 나 또한 사랑 속에서 허우적대고 있었던 게 아닐까. 나도 다이와 마찬가지인 것일까. 제대로 소화되지 않았을 뿐, 내게는 이미 수많은 사랑이 주어지고 있던 게 아닐까. 그렇다면 저 편의점도 그럴까. 이 아저씨도 그럴까.

"그럼, 하나 둘 셋에 들어올릴게요."

"갑니다, 하나, 둘, 셋!"

해는 아직 높이 떠 있다. 쾌청한 일요일 낮. 하늘을 우러

러보고 싶을 정도로 상쾌한 푸른 하늘이건만 나는 아저씨가 조용히 누워 있는 아스팔트에 시선을 떨구고 있었다. 그곳에 햇볕이 내리쬐고 있었다. 아저씨의 거친 피부는 표면이 까슬까슬했고, 거스러미가 일어난 그 하얀 피부에 햇빛이 반짝반짝 반사되고 있었다.

다이네 집에서 본 그날의 창가 같았다.

보이저, 산책, 고독 그리고 사랑

대학 뒤편 주택가의 언덕길이었다.

"난 언덕길이 참 좋아."

그녀가 말했다. 자기가 좋아하는 것을 호들갑스러울 정도로 떠들썩하게 알려주는 사람이었다. 대학에서 만난 우리는 자주 정처 없이 산책하곤 했다. 그날도 화창하게 맑았다.

"그 너머가 어떤지 안 보이니까, 어쩐지 가슴이 두근거려."

언덕길이 좋다고 역설하는 사람은 타모리 씨* 말고는 처

---

* 일본의 유명 MC이자 개그맨으로, 본명은 모리타 카즈요시森田一義이다. 작품에 《타모리의 TOKYO 언덕길 미학 입문》이 있다.

음이었기에 그 말이 썩 이해가 되지 않았던 나는 대충 맞장구를 쳤다. 확실히 여기서는 그녀가 가리킨 내리막길 건너편이 보이지 않기에 듣고 보니 정말로 살짝 호기심을 자극하는 구석이 있었다.

결국 그날, 언덕길 너머를 확인하러 가지는 않았다. 그로부터 얼마 지나지 않아 그녀에게 차였으므로 나는 아직도 그 언덕길 너머에 어떤 풍경이 펼쳐 있는지 모른다. 대학 3학년, 전공 수업이 시작되면서 우주공학을 배우기 시작했을 무렵이었다. 그때부터 나는 정말 산책이 좋아졌다.

산책은 조촐한 모험이다. 처음 가본 마을은 물론이고, 수년 동안이나 살았던 집 근처도 마찬가지다. 언덕길 너머, 굽이진 길모퉁이 너머가 어떤지는 실제로 가보지 않고서는 알수 없기에, 갑작스러운 심경 변화에 골목길로 훌쩍 들어가보면 난생처음 보는 풍경이 펼쳐진다. 그래픽 버그처럼 주택가 안에 심어진 녹지, 어째서인지 '가와모토'라는 성이 유난히 많은 묘지, 반짝반짝 빛나는 잡동사니로 둘러싸인 수상쩍은 외딴집, 집 사이를 누비며 온 동네를 한눈에 둘러볼 수 있는 야트막한 돌계단. 관광지도 포토존도 아닌 풍경, 만약 하나 건너 옆 골목으로 들어갔다면 만나지 못했을 풍경

을 종이 한 장 차이로 접하거나 접하지 못하는 체험의 연속
이야말로 산책의 참맛이다.

보이저라는 탐사선의 계획도 일종의 모험이었다. 수백
년에 한차례, 목성木星·토성土星·천왕성天王星·해왕성海王星이
한 줄로 반듯하게 늘어서는 그 타이밍에 우리가 사는 태양계
의 행성을 순서대로 방문하겠다는 산책 비슷한 계획이었다.
모든 행성이 수십억 년 넘게 지구와 함께 지내왔으며 수
백 년 전부터 망원경으로 수없이 관측해온 친숙한 천체였
다. 하지만 아무리 친숙해도 실제로 그곳이 어떻게 되어 있
는지는 실제로 가보지 않으면 전혀 알 길이 없다. 지금껏 상
상해온 모습과는 전혀 다른 경치인 것이다. 목성의 달 이오
의 기운 넘치는 화산, 토성의 달 타이탄의 두꺼운 귤껍질 같
은 오렌지색 대기, 무슨 이유로 자전축에서 60도나 기울어
져 있는 천왕성의 별난 자기장, 음속의 폭풍이 세차게 몰아
치는 해왕성의 짙은 대기.
멀리서 바라보기만 해서는 절대로 볼 수 없었을 수많은
경치, 우주탐사기술이 급성장을 이루던 당시에 때마침 천체
가 기적적으로 배치되지 않았더라면 만나보지 못했을 경치,

그것을 보이저는 보았다. 이는 역시나 종이 한 장 차이의 체험이었다. 만약 역사의 흐름이 아주 조금만 달라졌더라면 역사적인 태양계 산책은 실현되지 않았을지도 모른다.

1977년에 쏘아올린 보이저 1호와 2호는 지금도 지구와 통신을 나누고 있지만 모두 2025년이면 결국 전지의 수명이 끝나버린다. 전지가 나간 뒤로는 더 이상 지구와는 영영 수다를 떨 수 없게 되고, 지구로 돌아오지도 못하며, 텅 빈 우주공간을 하염없이 날게 된다. 만에 하나 외계인이 발견할 때를 대비해 인류 존재를 알리는 금색으로 번쩍이는 레코드를 실어 보냈지만 금세기 동안이나 가까운 미래에 발견될 가능성은 확률이 꽤나 낮다. 누구와도 이야기할 수 없고 누구와도 만날 수 없는, 수백 년, 수천 년의 시간이 앞으로 보이저를 기다리고 있다. 정말이지 무서운 고독이다.

내가 산책을 즐겨하는 이유는 그것이 무서운 체험이기도 하기 때문이다. 낯익은 풍경에서 한걸음 물러나면 모르는 누군가의 모르는 집이 등장한다. 그리고 그 뒤편에는 하루하루의 삶과 누군가에게는 그 무엇과도 바꿀 수 없는 누군가와의 인간관계가 있다. 그 무수히 많은 인생에 둘러싸이면 '나'라는 존재 또한 이 광활한 세계 속에서 반복되는 존재 중 하나에 불과하다는 느낌이 든다. 가끔씩은 그 느낌을 확인하고 싶어진다. 고독하고, 불안하며, 무섭고, 하지만 약간은 자극적이기에 가끔씩 들여다보고 싶어지는 것이다.

그리고 어째서인지는 알 수 없지만 그럴 때면 꼭 나는 사랑을 생각하게 된다. 퍼뜩 생각난 것처럼 뭔가를 사랑하고 싶어진다. 내가 사는 이 동네를 아끼고 싶다거나, 이 자리 이 각도에서 본 이 광경을 내가 좋아하는 사람과 공유하고 싶다거나, 나를 좋아해줄 사람과 다시 이곳을 이 시간에 걷고 싶다는 둥, 갑자기 이런 것들을 소망하게 된다. 고독은 어째서인지 늘 사랑을 대동하고 모습을 드러낸다. 두려움과 따스함 같은 감정이 복작복작하게 뒤섞여 내 마음속에 들어온다. 나는 산책이 좋다.

보이저 1호가 산책을 하고 있을 때, 60억 km 저편에서 찍은 지구를 보고 마찬가지로 사랑을 생각했던 사람이 있었다. 화소로 따지면 1픽셀도 되지 않는 점으로 희미하게 찍힌 우리의 지구가 이 우주에서 얼마나 소중한 존재인지를 역설한 사람이 있었다. 화면 위의 티끌과 헷갈릴 만큼 작디작은 그 지구의 모습은 '창백한 푸른 점Pale Blue Dot'이라고 불렸다.

보이저의 무한한 고독에 걸맞은 크나큰 사랑이었다.

다시 한번 그 점을 보라. 실제 그곳에 있으며, 우리의 고향이
자 우리 그 자체인 그 점을. 당신이 사랑하는 사람도, 당신이
아는 사람도, 당신이 전해들은 적이 있는 그 사람도. 그리고
과거 그곳에 살았던 모든 사람도. 모두 그곳에서 인생을 보
냈다. … 서로를 좀 더 소중히 대할 것, 그리고 우리가 아는
유일한 고향인 이 '창백한 푸른 점'을 지켜나가는 것, 내게는
그것이 우리의 책임임을 이 사진이 강하게 호소하는 것처럼
느껴진다.[*]

이름도 모르는 언덕길이 기억난다. 학회에 참석하기 위
해 홀로 찾아간 남프랑스 툴루즈의 아무것도 아닌 언덕길이
었다. 버스가 올 때까지는 30분이 넘게 시간이 남았기에 시
간이나 죽일 겸 버스정류장 근처를 산책하고 있었다.
    "난 언덕길이 참 좋아."
    몇 년 전 그녀의 말을 나는 멍하니 떠올리고 있었다. 그때

---

[*]   칼 세이건, 《창백한 푸른 점 *Pale Blue Dot*》. — 원주

그녀를 오롯이 사랑하지 못했음을 떠올리고 있었다. 내가 그녀에게 끼쳐버린 민폐 하나하나를 곱씹어보고 있었다. 화창한 날이었다. 언덕길 중턱까지 올라가 돌아보니 멀리 떨어진 나무들 사이로 콕콕 심어진 오렌지색 지붕이 보였다. 만약 버스를 타기까지 시간이 여유롭지 않았더라면 만나지 못했을, 종이 한 장 차이의 풍경이었다. 관광지도 포토존도 아닌 언덕길이었다. 그녀가 좋아할 만한 언덕길이었다.

무슨 이유인지 알 수 없지만 고독은 항상 사랑을 대동하고 나타난다. 그래서 그때 나는 사랑에 대해 생각하고 있었다. 언덕길을 좋아했던 그 사람과 헤어지고 2년 정도 지나자 내게 결혼해도 괜찮지 않을까 싶은 연인이 나타났다. 언덕길이 아니라 홍차와 스콘을 좋아하는 사람이었다. 언젠가 나이를 먹고 은퇴하면 프랑스에서 홍차와 스콘을 파는 카페를 하고 싶다던 사람이었다. 언덕 중턱에서는 여전히 오렌지색 지붕이 보였는데, 그녀가 좋아할 듯한 거리였다. 그래서 이곳, 이 각도에서 본 이 광경을 그녀와 공유하고 싶어졌다. 또다시 이곳을 이 시간에, 이 날씨에 그녀와 걷고 싶었다.

"그 너머가 어떤지 안 보이니까, 어쩐지 가슴이 두근거려."

나는 그녀와의 결혼을 망설이고 있었다. 앞날이 어떤지 보이지 않는다는 것은 당시의 내게는 무서운 일처럼 느껴졌다. 몇 번이고 함께 살자 했던 그녀에게 나는 모호한 말만 돌려주곤 했다. 언덕길을 좋아했던 그 사람을 오롯이 사랑하지 못했노라고 후회하는 주제에 결국 몇 년이 지났음에도 누군가를 오롯이 사랑할 각오 따윈 가지지 못한 것이다. 생각하기 싫어서 잊어버린 척하는 주제에, 이런 곳을 산책할 때만 자꾸 감상적으로 변해서는 마치 갑자기 생각난 것처럼 뭔가를 괜히 사랑하고 싶어지는 것이었다.

그녀에게서 헤어지자는 말을 들은 때는 그로부터 한 달이 지난 뒤였다. 그래서 그 언덕길에서 본 오렌지색 거리는 결국 그녀와 공유할 수 없었다.

어째서 눈앞에 있는 것을 오롯이 사랑할 수 없는 것일까. 어째서 사랑하는 것을 무심코 잊어버리게 되는 것일까. 보이저가 파랗고 어스레한 작은 지구를 촬영하자, 거기에 감화된 이후의 탐사선도 마찬가지로 지구를 촬영하고, 우주비행사도 잇따라 촬영하고, 그런 수많은 사진이 세상에 나돌고, 그때마다 모두가 입을 모아 아름답다 말하고, 우리의 지구는 둘도 없는 존재라며 감동하고 사랑을 외치지만, 그럼에도 여전히 우리는 그것을 오롯이 사랑하지 못할 때가 많다.

환경도, 생물도, 이웃 나라도, 친구도, 연인도, 방심하다 보면 무심결에 사랑을 잊게 된다. 그러하기에 우리의 눈은 계속해서 우주로 향해야 한다. 우리는, 나는, 아무리 애를 써도 금세 잊어버리는 존재이기에, 갑자기 생각난 것처럼 몇 번이고 다시 사랑해야 한다. 우주개발이란 금세 잊어버리는 우리를 위해, 나를 위해 존재하는 것은 아닐까.

지구는 광활한 우주에 존재하는 지극히 작은 장소에 불과하다. 생각해보라. 수많은 장군이나 황제들이 승리와 영광을 찾아 이 작은 점의 극히 일부에서 잠깐의 지배자가 되기 위해 흘린 핏물의 강을. 또한 이 점 어느 한곳의 거주자가 그곳과 거의 분간할 수 없는 다른 한곳의 거주자에게로 쳐들어가 벌인 한없이 잔인한 행위를. 그리고 얼마나 빈번하게 오해가 반복되어왔고, 서로를 죽이려 했으며, 격렬하게 증오를 불태워왔는지를.

자택 원룸에 틀어박혀 연구하던 최근 2년 동안, 몇 번이고 산책을 나가고 또 나갔다. 아무 길이나 걷다가 아무 모퉁이로 들어가 되도록이면 처음 보는 풍경에 다다르려 했다. 질리지는 않았지만 한 동네를 수백 번이나 샅샅이 돌아다니다 보니 새로이 발견할 거리도 이제는 사라졌으므로 최근에는 도보가 아닌 자전거로 행동 범위를 넓혔다. 요전에 드디어 꽤 비싼 자전거를 샀기에 한층 들떠서 따르릉따르릉 돌아다니는 중이다. 아직도 이 거리에는 내가 모르는 풍경이 넘쳐난다. 앞으로도 좀 더 내가 몰랐던 풍경을 보고 싶다.

2년 만에 그녀에게 연락이 왔다. 만남도 이별도 종이 한 장 차이라지만 우리는 다시 연락을 주고받기로 했다. 2년 전에 가보지 못한 여러 장소에 다시 한번 가보기로 약속했다.

그녀는 여전히 홍차와 스콘을 좋아하는 듯했다. 나는 다시 한번 사랑을 떠올릴 필요가 있다. 무심결에 잊어버리지 않도록, 이번에야말로 오롯이 사랑할 필요가 있다. 그녀와 공유하고픈 풍경이 무척이나 많다. 초등학생이 그린 그림처럼 나무뿌리가 큼직하게 튀어나온 하천가의 가파른 비탈이나, 모든 것에는 의미가 있을진대 무의미하게 복잡하게만 보이는 공장의 배관, 이 세상에 무서울 것 따위는 존재하지 않는다는 양 어린아이들이 마구 활보하는 단지 옆 스케이트

보드 공원. 잊어버리지 않기 위해, 아니, 아마도 나는 필시
잊어버리고 말 테니 설령 잊어버리더라도 몇 번이고 다시
떠올리기 위해, 내가 몰랐던 풍경을 좀 더 실컷 봐두고 싶다.

아빠와 할아버지, 코로나와 태양

밤하늘에 빛나는 별은 모두 태양이다.

그 사실을 알려주자 아버지는 입을 떡하니 벌린 채 얼음 상태가 되었다. 아무래도 내 말이 무슨 뜻인지 이해하지 못한 모양이다. 내가 고등학교 다닐 때였다. 밤에 밖에서 둘이 뭔가를 기다리고 있을 때 별생각 없이 그런 이야기를 했다.

언제 어디서 그런 이야기를 했는지는 잘 기억이 나지 않지만 오류가 난 컴퓨터 같았던 아버지의 그 표정만큼은 이상하리만치 선명하게 기억난다. 자신이 보고 있던 세계가 느닷없이 뒤집혀진 것에 대한 놀라움과 새로운 세계로 내던져진 것에 대한 흥분이 뒤섞인, 사람냄새 나는 얼음이었다.

밤하늘에 빛나는 별은 모두 태양이다.

그렇다. 아는 사람에게는 당연한 사실인데 우리가 보고 있는 별은 가까이 가보면 전부 태양이다. 물론 화성이나 금성 같은 이웃 행성은 태양빛을 반사해서 빛을 내므로 예외라 할 수 있지만, 그 외의 별은 모두 항성이다. 즉 우리의 태양과 마찬가지로 이글이글 불타오르고 스스로 빛을 내는 천체라는 말이다. 이는 분명 살짝 놀라운 사실이다. 시원시원하고 산뜻한 얼굴로 빛나는 별님과 후덥지근하게 이글이글 열을 내뿜는 해님. 온도차가 다케노우치 유타카竹野內豊와 마쓰오카 슈조松岡修造* 정도는 나 보이는 이 둘이 사실은 정체가 같았다니, 확실히 조금은 놀랍다. 그때, 내가 한 말을 이해하지 못해서 오류가 나버린 아버지의 기분도 이해가 간다.

그 후 얼음에서 땡 하고 풀려난 아버지는 한동안 묵묵히 별이 떠 있는 하늘을 올려다보았다. 변함없이 입을 헤벌린 채, 가만히 별빛을 바라보고 있었다. 약 50년 동안 아버지에게 별은 그저 온도감이 결여된 '별'이라는 물체로만 보였으

---

* 다케노우치 유타카는 영화 〈냉정과 열정 사이〉에서 아가타 준세이로 분한 일본의 배우이고, 마쓰오카 슈조는 일본의 전직 테니스 선수이다.

리라. 사실은 그 빛 하나하나가 모두 이글거리는 태양임을 알아챈 그 순간, 아버지의 옆모습은 여느 때보다 아주 조금 우주와 가까워져 있었다. 아버지의 눈에는 수많은 생명의 등불이 생생하게 비춰져 있었다. 아버지는 무수히 많은 태양에 둘러싸여 있었다.

태양은 우리의 생활에 지대한 영향을 끼친다. 태양을 볼 수 있는 낮에는 어쩐지 자신감이 솟구쳐 무적無敵이 된 듯한 기분이 들기도 하고, 반대로 태양을 볼 수 없는 밤에는 괜히 사람이 그리워지기도 한다. 낮에는 누구보다도 열심히 일하던 사람도 밤이 되면 갑자기 분위기 있는 바에 들러 쓸쓸한 감정을 드러내기도 하고, 카운터석에 30도 정도로 비스듬히 앉아서 솔티도그salty dog*의 소금을 섹시하게 핥기도 하고, 그 외에도 태양 활동이 격렬해지는 시기면 전파의 통신장애가 일어나거나 북유럽에서는 오로라가 평소보다 훨씬 자주 나타나기도 한다.

태양의 일거수일투족은 우리 지구를 크게 뒤흔들어놓는

---

* 술잔 테두리에 소금을 묻힌, 진과 그레이프 프루트를 제조한 칵테일이다.

다. 그래서 태양은 지금까지도 천문학에서 가장 대중적인 연구 주제다. 바로 얼마 전까지도 NASA가 파커라는 태양탐사선을 새로이 쏘아올릴 정도로 아직까지도 주목도가 높다.

태양에 관한 연구에서 오랫동안 이어져온 문제는 태양 상공의 플라스마plasma 대기의 온도에 관한 수수께끼다. 태양의 중심은 1500만 ℃로 엄청 뜨겁지만 표면으로 갈수록 온도는 6000℃ 정도까지 떨어지는데, 어째서인지 상공에 자리한 일부 플라스마 대기는 또다시 100만 ℃까지 급격하게 온도가 치솟는다. 콜드스톤 아이스크림*에서 스테이크가 구워지는 느낌이려나. 아니, 그건 아니지.

뭐, 아무튼 척 보기에도 뭔가 신기한 현상인데, 이 수수께끼를 설명해줄 유력한 설은 있지만 결정적인 설명은 아직 없다. NASA의 파커 탐사선의 가장 중요한 임무 중 하나도 바로 플라스마 대기의 수수께끼를 해결하는 것이다. 아, 그러고 보니 태양 상공에 이글거리는 플라스마 대기를 태양코로나corona라고 한다.

---

*   차가운 돌판 위에서 비벼서 만든 아이스크림이다. 미국의 프랜차이즈로 우리나라에서는 2015년 철수했다.

그렇다, 코로나다. 코로나. 이런, 세계 각지에서 엄청난 혼란이 일어나고 있다. 큰일이다.

다행히 면역력이 있는 사람은 그렇게까지 중증으로 발전하지는 않는다고 하니 젊은 세대에게는 감염될까 봐 걱정이 된다기보다 활동이 멈춰버린다는 사실이 더 문제다. 나 스스로도 연구소에서 기획했던 이벤트가 당일에 중지 명령이 떨어져 이래저래 성가셨던 적이 있었다.

내 경우는 이벤트가 중지되어서 이런 제기랄, 정도로 끝났지만 연극을 하는 친구들은 진짜로 상황이 심각했다. 그들의 생계가 달린 무대에 오르기 직전에 무대가 폐쇄되면서 심각한 적자를 보고 있다. 그들의 비통한 외침과 마음을 접하고 있노라니 정말로 가슴이 아프다. '꼭 필요한 일이나 시급한 일이 아니라면 자숙하도록'이라는 행정명령은 분명 지당한 말씀일지도 모르나, 그들 개인에게 있어 표현 활동은 언제나 꼭 필요하며 언제나 시급하다.

무엇보다 무대 위에 올라 먹고사는 그들에게 연극은 단순한 유희나 오락이 아니라 어엿한 경제활동이다. 그러니 '출근하는 건 경제활동이니 만원 전철은 어쩔 수 없다!'라는 의견에는 자꾸만 위화감이 느껴질 수밖에 없다. 만약 이 자숙하라는 분위기가 '모두가 어려운 이 시국에 이벤트라니 신중하지 못하다!'라는 동조압력에 의해 가속화된다면 나는 강하게 노NO라고 말하겠다. 이전의 대지진 이후, '신중하지 못하다'라는 말이 수많은 표현을 죽여버렸던 기억은 아직도 머릿속 뜨뜻미지근한 부분에 엉겨 붙어 있다.

하지만. 말은 그렇게 했지만. 역시 목숨과 바꿀 수 있는 것은 결코, 결단코 없다.

"나도 달고 다니는 병이 한둘이 아니니까. 큰일이야."

"지금은 거의 밖에 나다니질 않지만 어디서 바이러스가 옮을지 모르잖아."

"답답하네. 답답해."

생신을 축하하기 위해 전화를 걸었을 때 할아버지는 내게 그렇게 투덜거렸다. 할머니가 떠나고 17년 동안 "유키가 대학을 졸업할 때까지는 어떻게 해서든 살아야지"라고 입버릇처럼 말씀하시며 홀로 살아온 할아버지. 그 할아버지가 전화 너머로 건네는 일상의 불안을 두 팔 가득 끌어안은 나는 "그러게요" 하고 긍정하는 게 고작이었다.

내게는 대수롭지 않은 병일지라도 할아버지에게는 치명적이다. 만약 코로나 치명률이 20%라는 사실을 알았으면 나 또한 무서웠으리라. 할아버지는 그런 공포를 맛보고 있다. 그리고 똑같은 공포를 느끼고 있는 사람들이 할아버지 외에도 어딘가에 무수히 많을 것이다. 그리고 사람들 저마다에게는 아직 살아야 하는 이유가 있다. 만약 사람이 여럿 모이는 행사에서 감염이 확대되어 할아버지 세대에까지 엄청난 수의 감염자가 발생한다면 그때는 돌이킬 수 없다.

할아버지는 올해도 무사히 생신을 맞이했지만, 결코 당연한 것으로 받아들일 수 있는 일은 아니다. 그 사실을 할아버지 본인이 가장 실감하면서 열심히 살아간다. 그 절실한 감정을 접하면 역시나 목숨과 바꿀 수 있는 것은 결코, 결단코 없다는 생각이 든다.

모두 태양이다. 인간은 모두 이글거리는 태양이다. 태양의 일거수일투족이 지구를 뒤흔들어놓듯이, 가까운 사람들의 고통은 나를 세차게 뒤흔든다. 트위터에서 흘러나오는 친구들의 이벤트 중지 공지에 안타까움을 느낌과 동시에 머릿속에서는 할아버지의 그 기운 없는 목소리가 웅웅 울려 퍼진다.

모두 필사적이다. 모두가 목숨을 깎아내며 이 순간을 불태우고 있다. 그 수많은 태양에 둘러싸여, 나는 그저 그 작렬하는 가운데 쪼그려 앉아 참고 버틸 수밖에 없다. 모두가 소중하기에 아무런 말도 걸어줄 수 없다. '그러게요' 하고 긍정할 수밖에 없다. 의사처럼 인간의 생명을 구하지도 못한다. 무력하다. 우주비행체를 아름다운 궤도로 날려 보낸들 극단의 손실은 메꿔지지 않는다. 태양 코로나의 수수께끼를 해명하더라도 코로나 감염은 막아내지 못한다. 실로 무력하다.

이글거리는 불꽃은 점점 더 거세져 간다. 제어할 수 없게 된 불꽃이 모여 커다란 불기둥이 피어오른다. 인터넷이 들끓는다. 나는 미간에 진하게 새겨진 주름을 훑으며 그 말들을 훑어본다.

"왜 우리는 참고 있는데 노인네들은 아무렇지도 않게 돌아다니는 거야?"

"청년보다는 노인에게 외출을 금지시켜라!"

"휴교 중인 초등학생을 밖으로 내보내지 마라!"

"부모가 멍청하니까 애들이 나돌아다니는 거지."

"그 노인네, 밀접 접촉자가 1406명이란다 ㅋㅋㅋ."

"요즘 젊은것들은 위기감이 너무 없어."

"모두가 자숙 중인 상황에 졸업여행이라니, 그게 사회인이 할 짓이냐?"

"대체 어떤 놈이 화장지를 사재기하는 거야? 나가 죽어."

"사재기나 하는 노인네는 필요 없다."

"약자면 약자답게 도태되는 게 자연스럽잖아."

"어? 노인네들만 우수수 죽어나가면 다 해결되는 거 아냐?"

"됐으니까 중국은 사과해라."

"이래서 중국이 싫다니까."

"코로나가 종식되더라도 중국인 입국 규제는 계속해라."

"우리 세금으로 산 마스크를 왜 재일 한국인한테 퍼주냐?"*

"사이타마埼玉시는 범죄 국가를 지원했다!"

"스파이 양성학교에 마스크를 왜 주냐."

"보나마나 자기네 나라로 빼돌리겠지."

---

* 코로나 당시 사이타마시는 마스크 배포 대상에 조선학교를 제외시켰으나 이후 차별 논란이 불거지자 조선학교에도 마스크를 배포하겠다는 뜻을 밝혔다.

인간은 모두 태양이다. 아무리 어두운 6등성이라도 태양이다. 아무리 온도감이 결여된 존재처럼 보여도, 목숨을 소진해가며 열심히 불타는 태양이다. 그 사실을 잊어서는 안 된다고, 강하게, 강하게 생각한다.

하지만 얼굴도 이름도 모르는 사람은 무섭다. 낯선 언어는 낯설다는 이유만으로 귀에 거슬린다. 거슬리는 언어로 말하는 사람들은 어쩐지 짜증난다. 그야 그렇겠지. 원래 그런 법이다. 모르는 것은 무서울 수밖에.

"잠깐 단골 거래처 전화 좀 받아줘. 그쪽은 페고로모고로어밖에 안 쓰니까 수고 좀 해"라는 말에 나는 죽을 맛이다. 무서우니까. 그런데 만약 상대가 페고로모고로어가 마치 공용어인 양 떠들어대면 열이 확 받는다. 짜증나니까. 그러니 대충 온도감이 결여된 말들로 한데 묶어서 멀리 밀어놓고도 싶어진다. "하여간 페고로모고로 놈들이란!" 하고 막말을 던지고도 싶어진다. 계속 모르고만 있으면 무서우니까, 악당이라는 딱지를 붙여서라도 편해지고 싶어진다.

하지만 그렇기 때문에라도 결코 상상을 멈추어서는 안 된다. '젊은것들', '노인네', '중국인'이라고 한데 묶으면서 잃어버리는 온도감을 상상력으로 메워야만 한다. 상대도 나

와 같은 이유로 열심히 살아가려 할지도 모른다고 상상해야
한다.

전화를 받을 때는 짜증났던 페고로모고로 녀석도 만나서
이야기를 해보면 의외로 자신과 별반 다르지 않은 녀석일지
도 모른다. 의외로 비슷한 생각을 하고 있을지도 모른다. 똑
같이 짜증이 나 있고, 똑같이 무서워하고 있고, 똑같이 배가
고프고, 똑같이 감기에 걸리고, 똑같이 눈물이 많고, 똑같이
엉큼하고, 똑같이 자신의 할아버지를 사랑할지도 모른다.
'노인네'도 마찬가지일지도 모른다. '한국인'도 마찬가지일
지도 모른다.

나는 그 상상력을 믿는다. 그날 아버지의 옆모습을 믿는
다. 수많은 태양을 상상하며 조금이나마 우주와 가까워졌던
아버지의 그 옆모습을 믿는다.

나는 무력하다. 극단은 적자다. 바이러스는 가차 없다. 격
려하는 말조차 건네지 못한다. 호빵맨은 도와주지 않는다.
모두를 행복하게 해줄 방법 따윈 없다. 하지만 지금 이 순간
부터 상상은 할 수 있다. 모르는 것을 모르는 채 긍정할 수
는 있다. 이 대혼란 속에서 내가 할 수 있는 일은 그것뿐이
다. 그것밖에 없지만, 그럴 수 있다면 분명 조금이나마 타인

을 향한 공격을 단념할 수 있으리라. 조금이나마 '나가 죽어', '짜증나', '꺼져버려'를 주저하게 될 수 있으리라. 그래서 상상력을 믿는다. 나는 계속해서 상상한다.

연구소를 나온다. 밤 10시. 자전거 페달을 밟는다. 춥다. 5000엔짜리 싸구려 코트는 한 달 만에 거의 모든 단추가 떨어져나갔다. 왜일까. 싸구려여서일까. 단추를 끼울 수 없어서, 불상도 아닌데 활짝 열어젖힌 복부 안쪽으로 한겨울의 밤바람이 가차 없이 몰아친다. 춥다. 빌어먹게 춥다. 팔밖에 지켜주지 않는 무의미한 코트는 태평스럽게도 바람에 펄럭펄럭 나부낀다.

차가 다니지 않는 횡단보도를 거칠게 가로지른다. 늘 보던 길, 늘 보던 주택가의 창문 불빛이 평소보다 신경이 쓰인다. 저 불빛은 '창문 불빛'이라는 빛이 아니라 저 집에 사는 사람의 손길을 비추는 빛이다. 전혀 실감은 나지 않지만 그렇다. 다들 외출 금지인데 뭘 하고 있을까. 게임이나 마음껏 하자!라며 기뻐하고 있으려나. 친구와 만나지 못해 심심해 하고 있을까. 역시 노인들에게 짜증을 내고 있을까. 그 옆집은 "요즘 젊은것들은!" 하고 있으려나. 마스크를 사재기하기 위해 오늘은 일찍 잠자리에 들려나. 별생각 없이 유튜브나 보며 밤을 지새우고 있을까.

모두들 살아 있구나. 불타고 있구나. 신기하네, 이렇게 추운데.

자전거 핸들을 북쪽 방향으로 돌리자 큰곰자리가 보였다. 북두칠성이다. 그 알파별과 베타별의 연장선상에 북극성이 빛나고 있음을 여느 때처럼 확인한다. 저것도 태양일까. 불타고 있으려나. 그렇게나 제 입으로 말하면서도 역시 실감은 안 난다.

내 눈에는 수많은 빛이 비춰진다. 아마도 나는 수많은 태양에 둘러싸여 있다. 아마도. 아마도 그럴 것이다. 자신의 체온조차 잃어버릴 듯한 추위 속에서 열심히 상상한다. 그 체온을 상상한다. 분명 세상은 내 생각보다도 따뜻하다. 따뜻해질 것이다. 분명, 봄은 머지않았다.

카오스와 후회의 물리학

"올해도 황금연휴를 고향에서 보내기 위해 귀성 행렬이 시작되고 있습니다."

"각종 교통기관에 따르면 귀경 행렬은 오늘 절정에 달하고 있습니다."

"상행선, 야마토 터널 부근에서 10km의 정체가 꼬리를 물고 이어지고 있습니다."

이런 뉴스를 올해도 듣게 될 줄 알았다.

조용한 황금연휴였다. 이렇게나 조용한 황금연휴를 맞이하다니, 코로나 사태 전에는 누가 예상이나 했을까. 인생이란 정말로 예측 불가능하다. 나도 무료 송출되는 덴파구미

잉크*의 라이브 영상을 보며 홀로 집에서 펜라이트를 휘두르며 황금연휴를 보내리라고는 생각조차 하지 못했다. 전혀 황금연휴 느낌이 나지 않는 나날을 비웃듯이 펜라이트는 금색으로 빛나고 있었다.

이 세상에는 아무리 굉장한 슈퍼컴퓨터로 계산하더라도 절대로 예측할 수 없다는 사실을 수학적으로 증명해낸 물리 현상이 있다. 우주에서의 예를 들어보자.

우주공간을 비행하는 우주비행체는 오로지 천체의 중력을 받으며 타원궤도를 그리며 날아간다. 고등학교 물리나 지구과학 시간에 배웠을지도 모른다. 이를테면 케플러 법칙 같은 것 말이다. 두 물체 사이에서의 운동은 '이체문제two-body problem'라고 하여 수학적으로 말끔하게 해결된다는 사실이 밝혀진 바 있다. 하지만 여기에 또 하나의 천체가 더해져 '삼체문제'가 되면 더는 말끔하게 해결할 수 없다. 단순히 복잡해지기만 할 뿐 아니라 훗날의 움직임도 전혀 예측할 수 없다.

---

* 일본의 8인조 여성 아이돌 그룹.

예를 들어 만유인력으로 운동하는 A, B, C라는 세 물체의 삼체문제를 생각해보자.[*] 그리고 이 A, B, C와 완전히 동일한 A′, B′, C′를 준비해 A′의 속도를 A의 속도와 아주 살짝(0.0000000001% 정도)만 다르게 해놓는다. 현실에서는 결코 관측할 수 없을 정도로 작은 차이다. 이 상태로 A~C와 A′~C′를 완전히 동일한 위치에서 동시에 출발시켜서 운동의 차이를 살펴보자.

이체문제라면 처음에 주어진 0.0000000001%의 속도 차이는 시간이 지나더라도 위치가 거의 벌어지지 않을 만큼 충분히 작다. 마찬가지로 삼체문제에서도 도중까지는 둘의 궤도 차이를 전혀 찾아볼 수 없지만, 어느 순간부터는 둘의 궤도가 어긋나기 시작하고, 그 차이는 눈 깜짝할 사이에 커져가다가 제각기 전혀 다른 운동을 하게 된다. 이 둘의 궤도에는 규칙성이 전혀 없다. 그리고 최종적으로 아득히 먼 저편으로 사라지는 방향도 전혀 달라진다. 참으로 카오스한 상태다. 그렇다. 사실 이 현상을 수학·물리학의 세계에서도

*   저자의 유튜브 영상 참조, https://youtube.be/5t3J5—Cumk. — 원주

'카오스'라고 부른다. 어엿한 전문용어로서 '카오스'한 상태인 셈이다.

카오스. 얼마나 어감이 멋진가.

"큭! 나타났구나, 무법자 카오스!"

"먹어라! 카오스 컨트롤!!"

하지만 중2병에 걸려 있을 때가 아니다. 카오스는 무섭다.

카오스란 '단순히 무작위하며 뒤죽박죽인 상태'와는 전혀 다르다. 실제로 시뮬레이션 계산에서도 매 순간 각 물체의 운동은 정확히 운동방정식이라는 질서를 따른다. 운동 자체에 무작위성은 없으며, 미래는 완전히 방정식에 따라 결정되어 있다. 그렇다면 예측할 수 있지 않나 싶겠지만 카오스 운동의 경우는 미세한 오차라도 있으면 그 오차는 순식간에 급성장해버린다는 사실이 증명된 바 있다. 이번에는 0.0000000001%의 차이였지만 이보다 1만 배 작은 차이라도, 100억 배 작은 차이라도 역시나 최종적으로는 필히 마구 흩어지게 된다. 그리고 당연히 현실세계에서는 무한대의 정밀도로 속도를 측정할 수도, 제어할 수도 없으니 결국 삼체 문제에서는 먼 미래의 운동까지 예측하기란 절대 불가능하다는 것이다.

매 순간을 문제없이 예측한 것처럼 보이지만 전체적으로는 올바른 예측이 절대 불가능하다는 두려움. 모 도시 전설에 따르면, 박사논문의 최종심사 때 "아니, 자네, 카오스를 계산해버린 건가?"라는 교수의 지적을 받아 단박에 불합격한 학생이 있다고 한다. 카오스는 무섭다. 실제 우주 임무에서도 그렇게 카오스한 영역에 진입했다가는 우주비행체를 제어하기가 몹시 어려워진다.

　"흐음, 역시 우주는 복잡하구나"라고 생각하는 당신. 하지만 남의 일이 아니다.

　카오스는 보기 드문 현상이 아니다. 현실의 대부분이 카오스다. 입시 문제에 나올 법한, 정답이 버젓이 있는 방정식은 극히 소수일 뿐, 대부분의 방정식은 말끔하게 풀리지 않는 뒤죽박죽한 카오스다. 온 세상이 모두 카오스다.

　애당초 인간부터 카오스다. 인간의 행동을 정답이 명확한 방정식으로 전부 나타낼 수 없으니까. 연애에는 방정식이 있다느니 뭐라느니 하지만, 좋아하는 사람과 일대일의 경우에는 적용될지 몰라도 단 1명의 연적만 등장하더라도 관계는 순식간에 복잡하고 뒤죽박죽하며 질척질척하게 변해버린다. 삼체문제. 삼각관계. 스스로도 눈치채지 못할 만큼 아주 작은 엇갈림으로 헤어지기도 하고, 사귀기도 하고, 당신을 좋아할지도 모르고, 좋아하지 않을지도 모른다. 좋아한다, 좋아하지 않는다, 좋아한다, 좋아하지 않는다. 아아, 카오스다. 그런데 어디 삼체문제뿐일까. 한 반이라면 사십체문제, 학년 전체라면 이백체문제, 직장과 동네는 천체문제, 지구 맞은편에 사는 이름도 모르는 사람의 사소한 행동으로 세상은 아무도 모르는 사이 변하며 돌고 돌아 칠십칠억체문제로 돌아온다. 그 칠십칠억체문제 속에 우리네 인생이 있다. 인생은 예측 불가능한 참된 의미의 카오스다.

어찌하면 좋을까. 인생이 그토록 카오스해서 전혀 예측이 불가능하다니. 그렇다면 어떡하란 말인가. 스물두 살에 취직, 스물여덟 살에 결혼, 30대에 출산, 40대에 주택 장만, 승진, 퇴직, 딸의 결혼, 손자의 탄생⋯. 이 인생 설계도 모두 카오스의 어둠에 삼켜진다. 눈앞이 깜깜하지 않은가.

그 점에서 카오스에 대한 공학적 태도는 명확하다. 일단은 카오스를 피하고 보는 것이다. 예를 들어 아무리 삼체문제라도 매 순간만큼은 방정식을 정확히 따르므로 찰나의 시간이라면 움직임을 예측할 수 있다. 그러니 꼼꼼하게 관측해서 조금씩 움직임을 예측하고, 어긋난 부분만큼 수정하고, 다시 관측하고, 예측하고, 수정한다. 계획대로 흘러가지 않은 것은 계획대로 흘러가지 않은 채로 받아들인 후 다시 그 오차까지 포함해서 목표를 재설정해 앞으로 나아간다. 예측 불가능한 상태에 빠지기 전에 계속해서 최선의 수를 두는 것이다.

공학은 인간을 태운 우주선을 정확히 달에 안착시키거나, 3억 km 저편의 소행성에 60cm의 정밀도로 탐사선을 착륙시킨다. 공학은 현명하고, 진취적이며, 위대하다.

인생도 공학처럼 살아갈 수 있다면 한없이 멀리까지 나아갈 수 있을까. 어차피 예측할 수 없는 먼 장래의 일 따위에 끙끙 앓는 대신, 눈앞의 현실을 받아들이고 목표를 갱신해서 결단을 내린다. 과거도 돌아보지 않는다. 설령 그 과거를 바꿀 수 있다 해도 그것이 지금의 나에게 정말로 좋은 영향을 미칠지는 예측 불가능하니까. 카오스니까. 그러니 미적대며 후회하지 말자. 눈앞과 미래에만 집중한 채 한눈팔지 말고 계속 달리는 것이다. 1년 뒤의 일은 알 수 없으니 다음 날에 집중한다. 어제 일은 확실하게 반성하고, 1년 전의 일은 돌아보지 않는다.

이런 식으로 살아가면 된다. 장래의 불안과 후회, 모두 무의미한 일이라 선을 긋고 나아가고 싶다. 그러면 이렇게 보잘것없는 지구 따윈 박차고 나와 머나먼 우주 저편까지 갈 수 있을지도 모른다.

초등학교 3학년 때, S모토라는 친구가 있었다. '모토'가 한자로 '元'이었는지 '本'이었는지도 정확히 생각나지 않지만 당시 나와 친하게 지냈다는 사실은 기억난다. 우리는 4컷 만화를 만들며 놀았다. 만화라고는 해도 종이에 그리는 것이 아니라 한 컷 한 컷을 둘이서 번갈아가며 몸으로 표현하는 놀이였다. 심히 전위적이었다. 지나치게 전위적이었지만 당시 우리는 전위적이라는 생각 따윈 요만큼도 하지 않은 채 그저 정신없이 낄낄 웃어대며 놀고는 했다.

그와 싸웠던 이유는 시답잖은 일이었다. 우리 집에 S모토가 놀러 와서는 우리 형의 낚시 게임 장난감을 그만 망가뜨리고 만 것이다. 손이 미끄러져서 낚싯대를 벽에 내동댕이치는 바람에 장대 부분이 똑 부러지고 말았다. 물론 고의로 사고를 친 것은 아니었고 당시 아마 S모토도 사과했을 것이다. 하지만 나는 토라졌다. 한껏 토라졌다. 그대로 쭉 토라져 있다가 어색한 분위기로 수십 분이 지났고, S모토는 "그만

갈게" 하더니 현관 앞에서 "오늘은 놀이가 재미없네"라고 중얼거렸다. 나는 어째서인지 그 한마디를 도저히 용서할 수 없었다.

그날부터 S모토와는 놀지 않았다. 나는 S모토를 피해 다녔고, 뒤에서 그의 험담도 했다. S모토는 다른 친구와 놀기 시작했다. 나도 자연스레 다른 친구와 놀게 되었다. S모토도 내 험담을 했을지도 모른다. 내가 태어난 후 지구가 태양을 아직 열 바퀴도 돌지 않았기에 나는 유치했고, 야만스러웠고, 잔혹했다.

그로부터 얼마 지난 후 S모토는 이사를 갔다. S모토가 마지막으로 등교한 날 방과 후, 여러 친구가 그의 주위를 둘러싼 채 이별의 말을 건넸고, 그 무리에서 홀로 벗어나 있었던 나는 무슨 말이라도 건네야겠다는 생각에 친구들 사이로 다가가 부스럭거리며 S모토와 단 1초간 악수를 나눈 후 그대로 도망치듯 달려갔다. 그게 마지막이었다. S모토가 나와의 악수를 알아차렸는지는 모른다. 결국 한마디도 말은 걸지 못했다. 나는 유치하고, 야만적이고, 잔혹하고, 겁쟁이였다.

솔직하게 미안하다는 말을 건넸으면 S모토와 화해할 수 있었을까. 이사를 간 뒤에도 가끔 만날 정도의 친구 사이로 남을 수 있었을까. 어쩌면 15년 넘게 지난 지금까지도 친구로 지낼 수 있었을까.

하지만 카오스다. 인생은 카오스다. 예측 불가능하다. 그때 그렇게 했으면 지금은 이렇게 됐을 텐데 하는 예측은 불가능하다. 그러니 먼 과거의 일을 후회한다는 것은 무의미하다. 그 후회에 휘둘리지 말고 곧장 앞으로 나아가야 한다. 그렇다. 그 말이 맞다. 그 말이 맞지만. 그래도 역시 후회가 된다. 자꾸만 후회가 된다. 왜냐하면, 무의미하지만, 진짜니까. 나의 후회는 진짜이기에, 나만의 것이기에, 누구에게도 넘겨주고 싶지 않다.

대부분의 사람은 후회를 품고 산다.

"그때 솔직하게 좋아한다고 말할걸 그랬어."

"포기하지 말고 밴드를 계속할걸 그랬어."

"유학이라도 도전해볼걸 그랬어."

"왜 한마디 말도 건네지 못했던 것일까."

"마지막이란 걸 알았으면 좀 더 잘해줬을 텐데."

"그때 내가 말렸으면 이런 일은 없었을 텐데."

가능하다면 불안도 후회도 모두 떨쳐버리고 한없이 멀리 달려가고 싶지만 때로는 후회도 꼭 품어주고 싶어진다. 손이 닿는 곳에 쟁여두고는 필요할 때 가끔씩 돌아보며 울적해지고 싶다. 안 되겠네. 나도 인간이구나. 공학처럼 현명해질 수는 없나 봐. 하지만 후회가 있기에 인간은 인간일지도 모른다. S모토에 대해 후회하고 있기에 나는 나일지도 모른다.

재택으로 연구 활동을 한 지도 이럭저럭 2개월이 지나고 있었다. 최근에는 정말로 연구, 산책, 장보기, 러닝 이외에는 아무 활동도 하지 않고 있다. 연애 시뮬레이션 게임도 이보다는 행동 패턴이 더 많을 텐데. 이래서야 연애로 발전할 턱이 있나. 아니, 설령 하늘에서 뚝 떨어진 미소녀를 붙잡더라도 "죄송한데, 별로 친해지고 싶지는…" 하며 도망칠 게 뻔하다. 무슨 세상이 이런지.

장을 보러 마트에 간다. 저녁 7시는 반찬거리를 할인하는 시간이다. 직원이 '손대면 모두 반값으로 만드는 장치'로 흰살생선 프라이를 삑 하고 누르자 지체 없이 아줌마가 손을 뻗는다. 그 모습을 보고 있던 대학생으로 보이는 남자는 끝까지 아무렇지 않은 체하며 직원이 다음에 찍을 반값 타깃을 향해 앞서 움직이기 시작한다. 그때 또 1명의 직원이 등장한다. 삼체문제다. 궤도가 복잡해진다. 여기에 주부가 가세하고, 노부부가 가세하며 사체문제, 오체문제, 육체문제로 변해간다. 아아, 카오스다. 카오스. 1명의 공학자로서 카오스는 일단 피하는 것이 상책이다. 지금은 현명하게 반찬 코너는 그대로 지나치기로 하자. 아니, 잠깐만. 민스 커틀릿이 맛있어 보이는데. 민스 커틀릿만 사야지. 앗, 제기랄, 빼앗겼다. 뭐야, 저 크로켓croquette 엄청 싸잖아. 잠깐만, 크로켓은 어제도 먹었는데. 여기 몸에 좋을 듯한 샐러드를 살까. 어, 하지만 샐러드는 반값이 아니라 20% 할인인데. 어떡하지. 앗, 내 크로켓! 야 인마, 혼나 볼래!!

역시 공학처럼 현명해질 수는 없구나.

하야부사와 버블

하야부사2호*가 지구로 돌아온 그날, 후배의 눈은 빛나고 있었다.

2020년 12월 6일. 3억 km 저편의 소행성 류구Ryugu에서 지구로 돌아온 하야부사2호가 캡슐을 지구에 보내는 날이었다. 역사적인 순간을 나는 후배와 함께 방에서 지켜보고 있었다. 새벽 2시 반이었다. 방은 어슴푸레했다. 나와 후배가 가만히 바라보던 화면 안에서 캡슐의 희끄무레한 빛이 오른쪽 끝에서 홀쩍 나타나더니 눈 깜짝할 사이에 강렬

---

* JAXA에서 개발하여 운용하고 있는 소행성 탐사선.

해지며 쓔우우우우우우우우웅 하고 날아가자 나와 후배는 정신없이 박수를 쳤고, 빛은 이윽고 화면 왼쪽 끝으로 사라졌다. 우와아아아아아아아 하고 소리쳤다. 눈 깜짝할 사이였다.

시각은 변함없이 새벽 2시 반, 방 안은 변함없이 어슴푸레한 데도 우리의 눈에는 여전히 그 쓔우우우우우우우우웅 하고 날아가던 모습이 밝게 새겨져 있었다. 그렇다, 그때 분명 후배의 눈은 빛나고 있었다.

하야부사2호는 놀라운 프로젝트다. 초대 하야부사에서 발생한 문제와 운용 실패를 완벽하게 해결했고, 예상 밖이었던 무시무시한 암반투성이 지형도 훌륭하게 공략해냈으며, 탄환을 소행성에 박아 넣어 지하의 모래를 채취한다는, 초대 하야부사에게는 없었던 초고난이도 임무까지 완벽하게 성공해냈다. 자그마한 몸체에 소형 착륙선이나 분리형 카메라 등의 비행체까지, 이래도 될까 싶을 정도로 꽉꽉 채워 넣어서는 지금까지 아무도 본 적 없는 영상을 한가득 지구로 보내왔다. 그리고 마지막 그 순간까지 실수하지 않고, 정확하게 캡슐을 지구로 보냈다.

나나 후배나 모두 하야부사2호 프로젝트에는 보조로

참여했던 만큼 코앞에서 보는 선배들의 여러 위업에는 매번 한숨이 새나왔다. 마침내 대기권에 돌입할 때의 눈부신 빛을 지켜볼 수 있었던 그날은 "야, 진짜로 완벽하게 해냈어…" 하고 망연자실해서 중얼거리고는 "대박, 다음에는 우리 차례잖아" 하며 본의 아니게 몸에 잔뜩 힘을 준 채 눈을 반짝였다. "진짜 대박이네요. … 정말로 해내다니…" 하고 그저 말을 잃고 있던 후배도 필시 나와 같은 감정이었으리라. 선배들이 세워놓은 무지막지한 허들을 올려다보면서도 후배의 눈은 빛나고 있었다.

후배의 눈은 처음 만났을 때부터 빛나고 있었다. 내가 연구실에 갓 들어왔을 무렵, 신입생의 연구실 선정을 위한 설명회에서였다. 당시 신입생 환영회 담당이었던 나는 신입생을 데려오지 못하면 선배들의 따가운 눈총을 받게 될 판이었기에 필사적으로 프레젠테이션을 펼치고 있었다. 보세요, 연구실은 이렇게나 재미있고, 학생들끼리도 이렇게나 사이가 좋고, 이렇게나 엄청난 연구를 한답니다, 우와 하고. 그때, 유달리 흥미롭게 내 이야기를 들어주던 학생이 눈에 들어왔다. 바로 그 후배였다.

나는 긴장하면 금세 시야가 좁아져서 폭주하곤 했지만 후배의 그 눈을 본 덕분에 조금은 안정을 되찾을 수 있었다. 이후의 프레젠테이션은 거의 줄곧 후배를 향해 떠들어댔던 기억이 난다. 그는 그 뒤로 우리 연구실에 들어와 내 직속 후배가 되었다. 우리 연구실은 하야부사 프로젝트의 리더를 맡고 있던 교수님의 연구실로, 이른바 '하야부사 연구실'이었다. 그래서 나와 후배는 그날부터 미래의 하야부사를 이끌게 될지도 모르는 동지가 되었다.

나와 후배의 세대는 2010년에 있었던 하야부사의 기적적인 생환과 이후로 이어진 일련의 하야부사 유행을 중고등학생 시절에 맛본 세대다. 아마도 그 세대에 하야부사의 영향을 받지 않고 우주업계에 뛰어든 사람은 거의 없을 정도로 엄청난 영향력이었다.

그전까지 JAXA에 대해 설명할라치면 '일본의 NASA 같은 건데…'라고 말해야 했지만, 하야부사가 유행한 뒤로는 'JAXA'라고만 해도 모르는 사람이 없었다. 초등학생도, 중학생도, 아버지 어머니도, 할아버지 할머니도, "아하, 그 JAXA 말이지" 하고 알아들었다. 이는 분명 하야부사의 영향이었다.

애당초 임무 내용부터 엄청났다. 소행성에서 물질을 가지고 돌아오는 샘플 리턴은 우주탐사 중에서도 최고 난이도의 임무로, 당시는 NASA조차 위험성이 너무 커서 손대지 못했다. 이런 상황에서 당시 우주탐사 부문에서는 햇병아리 같았던 일본이 장딴지에 쥐가 날 정도로 한껏 까치발을 들고 쏘아올린 것이 바로 하야부사였다. NASA에서도 "과연, 정말이지 야심만만하고 훌륭한 임무군요"라고 말했다지만 정말로 일본이 해내리라 생각한 사람은 거의 없었다. 이렇듯 우여곡절을 겪고 만신창이가 되어가며 결국 해내고 말았기에 엄청난 프로젝트였던 것이다.

이 프로젝트를 이끌던 이가 우리 연구실의 교수님이었다. 지기 싫어하고, 누구보다 포기를 모르는 분이었다. 포기하지 않고 끝까지 논리적인 해결책을 짜내서는 "이러면 될 테니까 한번만 더 해봅시다" 하고 당연하다는 듯이 말하는 분이었다. 엄청난 프로젝트에 걸맞은 엄청난 리더였다.

당시 일본에는 지금과는 다른 활력이나 긍정적인 사고방식이 존재했다는 생각이 듭니다.

하야부사 프로젝트(별칭, MUSES-C 계획)가 정식으로 시작되면서 일본은 그럭저럭 활기찼던 모양이다. 1995년은 마침 그 후배가 태어난 해였다. 나는 한 살이었다. 교수님은 마흔 살이었다.

이른바 버블경제는 1992년경에 터졌고, 주가도 폭락하기 시작했지만 세상에는 전반적으로 '새로운 뭔가를 적극적으로 시도해야 하지 않겠느냐'라는 분위기가 남아 있었습니다. 이런 이유도 있었기에 위험 요인이 많은 MUSES-C 계획도 진행할 수 있었던 게 아닐까요? 저희에게도 유연하고 대담하게 움직일 수 있다는 분위기가 있었고, 그렇게 움직이기를 요구받고 있었죠.[*]

경제 거품이 꺼지고, 간사이에 심각한 지진이 발생하고, 지하철에 사린가스가 살포되고, 'Hey Hey Girl 어떤 때라도

---

[*] 〈전례 없는 계획. '하야부사'가 지구에 귀환하기까지: 프로젝트 매니저 가와구치 준이치로의 이력서-우리의 이력서-톱 러너의 이력서를 통해 '근로자 인생' 집중 탐구!〉(en-japan.com), https://employment.en-japan.com/myresume/entry/2021/04/13/103000. — 원주

굴하지 말고 힘내요'* 하고 SMAP**가 노래하던 시절이었다. 힘겨운 시대지만 앞을 향해 나아가자, 자신감을 잃지 말고 세계를 이끌어나가자는 기개 넘치던 시절이었다. 한 살이었던 내가 뭘 알겠느냐마는.

하지만 하야부사2호 때는 그러지 못했다. 버블 붕괴의 여운을 남긴 채 '잃어버린 20년'을 논하기 시작한 2010년대 초, 일본 사회에서는 활기라곤 찾아볼 수 없었다. 공개예산 심의가 시작되자 하야부사2호 프로젝트는 17억 엔의 예산을 요구했지만 지급된 돈은 고작 3000만 엔뿐이었다. 2년 후에는 30억 엔의 예산이 책정되었지만 그마저도 요구액의 절반 이하였다. 도호쿠 지방에 초대형 해일이 들이닥치고, 원전이 파괴되고, 난생처음 겪는 엔고 현상이 일어나고, 시노다 마리코***가 가위 바위 보로 센터 자리를 따냈을 무렵이었다.

---

* SMAP, 〈힘내요〉, 작사: 오구라 메구미, 작곡·편곡: 쇼노 겐이치. — 원주
** 일본의 5인조 가수 그룹으로, 기무라 다쿠야, 나카이 마사히로, 이나가키 고로, 구사나기 쓰요시, 가토리 신고로 구성되어 있다.
*** 일본의 아이돌 그룹 'AKB48 팀A'의 멤버.

과연 국민에게 자신감과 희망을 주는 정책이 채택되고 있는지, 솔직히 말씀드리자면 크게 의문을 느낍니다.

교수님은 외쳤다.

초대 하야부사가 보여준 가장 큰 성과는 국민과 세계를 향해, 우리는 단순히 만들기만 하는 나라가 아니라 창조할 수 있는 나라라는 자신감과 희망을 구체적으로 제시한 것이라고 생각합니다.
자신감이나 희망이 밥 먹여주느냐, 산업을 발전시켜주느냐는 말도 있습니다. 하지만 하야부사에게 자극을 받은 중고등학생이 사회로 진출할 날은 이제 얼마 남지 않았습니다.

나와 후배는 바로 그 하야부사에게 자극받은 중고등학생이었다. 태어난 이후로 줄곧 잃어버린 10년, 20년과 나란히 달려온 세대였다. 호경기라는 뉴스 따윈 태어나 단 한번도 들어본 적이 없었고, 나랏빚은 넘쳐난다 하고, 우리는 노후에 연금도 받을 수 없다 하고, 어른들은 더 이상 아이를 낳으려 하지 않는 듯하고, 서브프라임 모기지와 리먼 사태가 일어났다. '힘내라 일본, 굉장하다 일본, 일어나라, 지금이다, 일본, 아름답고 높게 날아라, 긍지를 되찾기 위해'*라는 시마다 신스케**의 노랫말을 들어보면 잃어버린 적도 없는데 잃어버린 긍지를 되찾아야 할 것 같았다. 태어난 이후로 줄곧 무언가를 잃어버린 상태였지만 그 무언가를 본 적은 한번도 없었다.

폐색되어 지금껏 과거를 돌아볼 여유가 없었던 그들 중 일부라도 새로운 과학기술로 에너지와 환경을 비롯해 광범위한 영역에서 영감을 발휘하고 혁신을 지향할 세대가 출현하는 것이 일본의 미래를 얼마나 견인하게 될지에 주목해야 한다. 이러한 인재를 끊임없이 지속적으로 육성해야만 한다.***

나와 후배에게 하야부사는 희망이었다. 일본에는 아직 세계에 자랑할 만한 것이 남아 있노라고 가슴을 활짝 펴게

---

* 알라딘, 〈해는 다시 떠오른다〉, 작사: 카시아스 시마다, 작곡: 다카하라 게이, 편곡: 사이토 분고, 이와무로 아키코. ― 원주
** 일본의 개그맨이자 가수, 작사가, 프로듀서.
*** 나가야마 에쓰코, 《하야부사와 일본인―우리가 손에 넣은 것》, 마이니치신문출판, 51~55쪽. ― 원주

해주는 존재였다. 우리가 연구의 세계에 발을 들이게 된 이유였다. 연구실의 학생 대부분은 석사를 마치고 일자리를 구했다. 나와 후배는 박사과정 학생으로서 '하야부사 연구실'에 남았다. 그러니 나와 후배는 미래의 하야부사를 이끌게 될지도 모르는 동지였다.

후배가 박사과정에 진학한 4월에 처음으로 긴급 사태 선언이 발령되었다. 나와 후배는 각자의 원룸에 틀어박혀야만 했다. 연례행사였던 연구실 답사가 없어졌다. 환영회와 송년회가 없어졌다. 누군가의 집에서 불쑥 열리던 술자리가 없어졌다. 잃어버렸다.

잃어버린 1개월, 6개월, 1년, 2년. 후배와 이야기를 나눌 기회가 점점 사라졌다. 이는 잃어버린 40년의 시작이라고 누군가가 말했다. 또다시 우리의 삶에서 무엇인가가 사라졌다.

내가 졸업하기 직전, 후배가 연구실을 그만둔다는 얘기가 들려왔다. 취직을 한다는 모양이었다. 나에게는 갑작스런 소식이었다. 그를 만나 상담해줄 기회조차 없었다. 자세한 사정은 제대로 알지 못했다. 하지만 후배의 뜻은 강해

보였다.

우주개발은 국민들에게 자신감과 희망을 안겨주기 위해 존재한다고 한다. 자신감이나 희망이 밥 먹여주느냐, 산업을 발전시켜주느냐는 말이 있나 보다. 나는 잘 모른다. 하야부사는 분명 나와 후배에게 자신감과 희망을 안겨주었지만 우리는 태어났을 때부터 많은 것들을 너무 많이 잃어버린 듯한 느낌이 들었고, 자신감과 희망만으로는 먹고살 수 없음을 실감했다. 그렇다. 박사과정 학생들은 거친 연구비 경쟁을 뚫고 나왔음에도 여전히 빈곤하고, 아직도 인터넷 커뮤니티 게시판에는 '우주개발이란 거 돈 낭비 아님?'이라고 쓰인 말이 떠돈다. 그렇다.

"돈에 쪼들리는 사람이 수없이 많은데 학자나 기술자의 자기만족이 먼저라는 건가."

"사회보장 쪽으로 돌리는 편이 낫지 않나."

그렇다, 맞다.

"너희 우주개발과 상대적 빈곤에 허덕이는 아이들 중 어느 쪽이 더 중요해?"

맞는 말이다.

"낭비는 아니지만 우선해야 할 일은 아니다. 그러니까

렌호*가 심의를 한 거겠지."

"태양이 소멸한다나 뭐라나 하는데 그때까지 내가 살아 있을 리도 없으니까 우주개발에 드는 돈은 다 나한테 기부해줬으면 좋겠네."

그래, 그렇겠지.

"일본의 우주개발 사업은 꿈만 같은 소리만 늘어놓잖아."

"일본의 우주개발 사업이 무슨 이익을 가져다주는데?"

"미국은 돈벌이에 혈안이 된 민간업자한테 우주개발 사업을 넘겨서 대성공했잖아?"

"세금 갖고 장난치지 마라."

그렇다, 맞다, 그렇다, 그렇겠군.

그렇다.

하지만, 맞는 말이지만 그렇다고 희망마저 사라지면 무슨 소용인가. 잃어버리기만 해온 우리의 30년에서 즐거운 이야기까지 잃어버린다는 것은 너무 서글프지 않나. 무지막지하게 장대한 세계에 바보스러울 정도로 힘껏 도전해보고

---

* 사이토 렌호齊藤蓮舫, 1967~ : 일본의 정치가.

싶지 않나. 시대에 매몰되기만 하는 것이 인생은 아니지 않나. 왜냐하면 우리의 인생은 단 한번뿐이니까, 살아 있을 때는 가슴만이라도 펴고 싶지 않은가.

후배의 블로그를 읽어본다. 2019년 4월의 블로그. 하야부사2호가 탄환을 박아 넣어서 땅속의 모래를 채취하는 초고난이도 임무를 성공했고, 원전 사고로 후쿠시마현 오쿠마마치에 발령된 피난 지시가 처음으로 해제되었고, 에이토*가 "돌체 앤 가바나의 그 향수 때문이야"라고 말했던** 그 무렵이었다.

'커다란 것'을 이루려면 '많은 사람'의 힘이 필요하다. 실제로 우주과학, 우주공학이라 불리는 분야의 연구자와 기술자가 그렇다. 여기에 흔히 말하는 여론, 대중의 지지와 힘이 있어야만 이뤄낼 수 있다.

나 혼자 기를 쓰고 매달린들 뻔한 일이다.

---

* 타카하시 에이토高橋瑛人, 1997~ : 일본의 싱어송라이터.
** 에이토, 〈향수〉, 작사·작곡: 8s. ─ 원주

후배는 가끔씩 열변을 토해냈다. 하고 싶은 말을 하는 사람이었다. 나는 그의 그 점이 좋았다.

그러니, 이 글을 읽고 있는 당신에게 전하고 싶다.
당신의 마음속, 그 반짝반짝 빛나며 열정 어린 그것을 버리지 말고 계속 간직해주길 바란다.[*]

후배는 자동차의 자동운전을 연구하는 부서에서 새롭게 일을 시작한다고 들었다. 후배의 마음속, 반짝반짝 빛나며 열정 어린 그것은 아직까지 고이 간직하고 있다고 들었다. 엔지니어로서 한 단계 성장해 우주 분야 밖에서 새로운 동료를 만들어 언젠가 다시 우주개발에 몸담고 싶다고도 했다.

후배의 눈은 여전히 그날처럼 빛나고 있었다. 우리는 여전히 미래의 하야부사를 이끌게 될지도 모르는 동지였다. 그렇다. 시대에 블랙홀처럼 삼켜지기만 하는 것이 인생은

---

[*] 〈다가올 레이와를 안주 삼아, 꿈(현실)의 이야기 '데이비드의 우주개발 블로그'〉, http://spacedavid.com. — 원주

아니지 않은가. 우리의 인생은 단 한번뿐이니까, 살아생전
에는 적어도 당당히 가슴은 펴야 하지 않은가. 우주개발은
자신감과 희망을 안겨주지 않는가. 나와 후배도 당시의 교
수님처럼 중고등학생들에게 자신감과 희망을 안겨줄 수 있
지 않겠는가.

그렇지 않은가.

그림자를 보다 ⇔ 자신을 보다

"음⋯."

"음⋯."

"음⋯."

밤 8시가 지난 시각. 우주과학연구소 옥상. 구름을 바라보고 있다.

"⋯."

"⋯."

"⋯."

옥상에서 우연히 마주친, 얼굴 정도 알고 지내던 직원과 면식도 없는 직원, 그리고 나까지 셋. 어색한 사이의 3명이

서 말없이 구름을 바라보고 있다가 누군가가 입을 열었다.

"뭐, 월식이란 건 점점 빛을 잃어가는 이벤트니까….."

"구름에 가려지면 당연히 안 보이겠죠….."

"하긴….."

또다시 침묵. 바로 지금 개기월식이 일어나고 있을 남동쪽 하늘에는 여전히 짙게 구름이 깔려 있다. 일단 절정에 이를 시간까지는 버텨보기로 했지만, 그, 뭣이냐, 엄청나게 어색하다. 우연히 마주친 사람들끼리 월식을 보며 왁자지껄 떠들어댈 수도 없는 일이고, 그렇다고 이제 와서 혼자 다른 곳으로 자리를 옮기자니 무례를 저지르는 것 같고, 하지만 딱히 할 말도 없는데… 하고 별수 없이 세 사람 모두 묵묵히 구름만 바라보고 있다.

물론 딱히 구름을 보고 싶은 건 아니지만 이미 눈앞에는 구름을 응시하는 것 외에는 선택지가 없다. 정말이지 구멍이 뚫릴 정도로 보고 있다. 구멍이 뚫릴 정도로 보고 있지만 구름에 구멍이 뚫릴 일은 결코 없다. 이럭저럭 20분 정도 지났다. 어색한 공기가 폐를 드나들며 내 몸 안으로 어색한 산소를 운반한다.

일본에서 볼 수 있는 3년 만의 개기월식이라고는 하지만 간토 지방은 변함없이 하늘이 흐리다.

월식月蝕이란 수수한 현상이다. 똑같은 '식蝕'이지만 일식日蝕은 하늘의 밝기가 극적으로 변화하기 때문에 엄청나게 화려하다. 특히 개기일식이 일어나는 순간에는 낮인 데도 하늘이 어두컴컴하게 변하므로 설령 구름에 태양이 가려지더라도 그 장대한 천체 쇼를 체험할 수 있다. 게다가 일식은 지구상에서 경험할 수 있는 장소도 극히 제한적이어서, 전세계에서 천문 마니아들이 최적의 관측 장소로 모여들어 축제 분위기를 만들어내기도 한다.

한편 월식은 대체로 지구상 어디에서든 볼 수 있고, 개기월식의 순간에도 하늘의 밝기가 극적으로 변하지 않으므로 정신을 차리고 보면 어느새 끝나 있을 때도 있을 수 있다. 구름에 가려지기라도 했다간 세계 각지에서 그 어색한 분위기가 대량으로 생산된다. 심지어 언뜻 보기에는 일반적인 달의 차고 기욺과 비슷한 느낌이기에 시각적인 임팩트도 그저 그렇다. 월식이여, 이 얼마나 가련한가.

하지만 월식에도 흥미로운 점은 있다. 사실 그림자가 보이는 방식에 주목하면 오히려 월식이 훨씬 보기 드문 천문

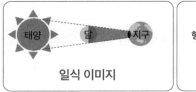

모두 가까운 물체가 멀리 떨어진 빛을 차단하는 모습을 보는 것

현상이라고도 볼 수 있다. 우선 비교를 위해 일식의 예(위의 그림)를 살펴보자.

일식은 그림처럼 달이 태양빛을 가리면서 생기는 현상이다. 이런 식으로 지구에서 볼 때 가까이에 있는 물체가 멀리 떨어진 밝은 광원을 가리는 현상은 사실 천문학 세계에서는 흔한 현상이다. 예를 들어 오른쪽 그림에 나타난 '트랜짓법'은 밝은 별의 주변을 돌고 있는 행성이 그 별의 빛을 차단하는 모습을 보는 천문 관측법이다. 빛을 차단하는 면적은 일식보다 조금 작지만 이 또한 그림자가 어떻게 보이느냐로 따지자면 일식과 같다고 볼 수 있다. 이외에도 예를 들어 국제우주정거장이 달 앞쪽을 가로지를 때면 우주정거장처럼 생긴 그림자가 나타나는 현상 역시 그림자가 보이는 방식만

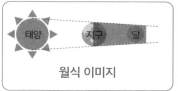

월식 이미지

소행성 류구에 비친
하야부사2호의 그림자

모두 관측자의 그림자가 천체에 투영된 모습을 보는 것(사진: ©JAXA)

보면 일식과 같은 유형이다.

　자, 그렇다면 월식은 어떨까. 위의 그림을 보자.

　월식은 지구의 그림자가 달 표면에 투영되면서 일어나는 현상이다. 그런데 달을 제외하면 스크린처럼 지구의 그림자를 그대로 투영하는 천체는 존재하지 않는다. 기본적으로 하늘에 떠 있는 별은 대부분 엄청나게 멀리 떨어져 있기 때문에 지구의 그림자가 그렇게 멀리 떨어진 별에 투영된 모습을 관측하기란 불가능하다. 그림자 형태 중에서 이처럼 관측자 자신의 그림자가 천체에 투영된 모습을 볼 수 있는 유형은 천체 규모로 보면 사실 그다지 흔치 않다.

　몇 안 되는 예를 꼽아보면 탐사선의 그림자가 천체상에

투영된 사진이 있다. 이 사진은 소행성 류구에 비친 하야부사2호의 그림자 형태를 하야부사2호 자신의 카메라로 촬영한 것이다. 하야부사2호만의 독특한 형태가 정확하게 그림자로 드러난 아주 아름다운 사진이다. 이 사진은 소행성 상공을 저공으로 비행할 때가 아니면 찍을 수 없으므로 아주 귀하다.

나 역시 하야부사2호 운용실에서 처음 이 사진을 보고 감동했던 기억이 새롭다. 보통 탐사기에서 보내오는 데이터란 내부 기기의 온도나 탱크의 압력 같은 숫자의 나열에 불과하기에 실제로 탐사기가 멀리 떨어진 별을 탐사하고 있다는 느낌을 받기란 쉽지 않다. 그만큼 이 사진이 가져다준 충격은 강렬했다. 하야부사2호는 멀리 떨어진 우주공간에 탐사기로서 실제로 살아 있으며, 지금 소행성 위를 비행하는 중임을 강렬하게 실감케 한 사진이었다.

자기 자신의 그림자를 본다는 것은 다시 말해 자기 자신의 존재를 확인한다는 뜻이다. 그런 의미에서 보면 월식에 투영된 지구의 그림자를 볼 때 역시 우리가 지구의 존재를 확인할 최고의 기회인 셈이다. 여러모로 수수한 월식이지만 이처럼 '그림자가 보이는 방식'이라는 관점에 주목한다면 조

금은 고마움을 느끼지 않을까. 어색한 분위기를 대량으로
생산하는 것도 용서해주고픈 마음이 생긴다.

후배에게서 "구름 너머긴 하지만 지금 보이네요"라고 연
락이 온 때는 어색한 시간으로부터 30분쯤이 지난 밤 9시경
이었다. 예보에 따르면, 개기월식의 절정은 지났고, 달이 지
구의 그림자에서 반 정도 빠져나올 무렵이었다. 연구실에서
의기소침해 있던 참이었으나 무거운 몸을 일으켜 다시 방을
나섰다. 이 시간까지 버티고 있지 않았나, 구름 너머든 뭐든
봐두지 않으면 직성이 풀리지 않을 것 같았다. 옥상까지 2층
분의 계단을 단숨에 뛰어올라 무거운 문에 꾹 하고 체중을
싣는다. 무거운 문이 슬로모션으로 열린다.

옥상으로 나와 보니 의외로 달은 아름다웠다.

우와 하고 나도 모르게 큰 소리가 터져 나와 스스로도 놀
랐다. 구름에 가려지긴 했지만 은은하게 월식의 윤곽을 유
지하고 있었고, 월식 특유의 붉은 기운을 띤 채 어스름히 빛
나고 있었다. 색깔 중에서도 가장 잘 산란되지 않는 붉은빛
이 지구 뒤편으로 돌아 들어오기 때문에 월식의 그림자는
불그스름하게 보인다. 계단을 뛰어오르느라 흐트러진 호흡

을 천천히 심호흡으로 달래며 발판에 걸터앉는다. 구름이 흘러간다. 완만히 흐르는 구름의 농담濃淡에 맞추어 달빛도 꾸물꾸물 형태를 바꿔간다. 옥상에는 이제 아무도 없기에 더는 어색하지 않은 공기가 상쾌하게 얼굴을 거쳐 시원하게 폐로 흘러든다. 기분이 좋아진다. 입을 벌린 채 멍하니 하늘을 바라보았다. 달은 여전히 구름에 가려져 있는 데도 아름다웠다.

하지만 뭘까, 이건. 잘 생각해보니 정말로 아름다운 것일까 싶다. 구름에 온통 가려져 있는데 말이다. 게다가 식蝕의 상태도 어중간하고, 구름에 가려져 있는지라 누가 "저거 그냥 반달이야"라고 한다면 진짜로 반달로 보일 것도 같다. 얼추 붉은빛이 돌긴 하는데 자세히 보니 그렇지도 않은 것 같고 말이다. 왜 이렇듯 열심히 보고 있는 것일까. 이 정도면 평소 맑은 날에 뜨는 달이 더 아름답지 않을까. 월식에는 자신의 존재를 재확인할 수 있다는 의미가 있다. 하지만 대체 그 이상으로 느껴지는 이 아름다움의 정체는 무엇일까.

그날 이후로 여름은 고요히, 착실하게 무르익어갔다. 올해 여름도 고요하다. 에어컨이 있는 원룸에는 습기를 머금은 끈적끈적한 공기가 다다르지 못한다. "다음 여름에는 고향집에도 갈 수 있지 않으려나" 하고 말했던 작년 이맘때의 태평한 자신을 냉담한 눈으로 부감하며 원룸에 틀어박혀 있는 사이, 체온과 기온이 맞물리지 않는 날만이 술술 지나가고 있었다. 눈 깜짝할 사이에 월식으로부터 3개월이 넘게 지났다.

일주일에 한 번 복싱 체육관에 다니고 있다. 시원한 원룸에 앉아서만 지내는 월화수목에 무뎌진 몸을 자극하기 위해, 목요일이나 금요일 밤에 체육관에 가는 것이 일과처럼 되어 있었다. 여름의 긴 해가 저물고 때마침 달이 보이기 시작할 시간대였다. 최근에는 단축 영업 중이어서일까, 거의 체육관을 전세 낸 것 같은 시간대였다.

운동복을 입은 채 수건과 붕대, 헤어밴드, 마스크 등을 챙겨 집을 나선다. 오늘은 달이 뜨지 않은 듯하다. 집 앞 자판기에 110엔을 넣고 600㎖짜리 보리차를 구입한다. 목구멍으로 술술 넘어가는 개운한 맛. 체육관에 들어갈 때는 다른 도장과 마찬가지로 우선은 우렁찬 인사부터. 그리고 트레이너인 회장 아저씨에게도 인사를 한다. 보아하니 오늘도 회장 아저씨와 단둘이 전세를 낸 것 같다. 라커 열쇠를 빌리고 출석부에 이름과 라커 번호를 적는다. 스마트폰으로 뭐라고 통화를 하던 아저씨가 마침 전화를 끊고는 내게로 고개를 돌리더니 인상을 팍 쓴 채 말했다.

"그러고 보니 말이야, 너, 설마 백신 같은 걸 맞은 건 아니지?"

체육관에서는 모르는 서양 음악을 모르는 외국인이 커버한 빠른 템포의 음악이 열 곡 정도 계속해서 반복적으로 흘러나오고 있다. 귀에 쏙쏙 들어오면서도 듣자마자 귓가를 빠져나가는, 그저 전세를 낸 이 넓은 공간을 채우기 위해 존재하는 듯한 음악, 그 목소리, 그 말을 비집고 나와 백신의 위험성을 설파하기 시작하는 회장 아저씨의 목소리가 머릿속에서 울려 퍼지기 시작한다.

라커에 짐을 놓아두고 스트레칭을 마친 후, 주먹에 붕대를 감고 섀도복싱 2라운드. 거울 앞에 서서 차분하게 자세를 잡는다. 거울에 비친 자신의 눈높이에 잽, 턱 높이에 스트레이트를 날린다. 동시에 거울에 비친 나의 분신은 그림자처럼 펀치를 날려오므로 확실하게 턱을 당겨서 방어한다. 자세 확인. 자신의 그림자를 본다는 것은 자신의 존재를 재확인하는 것이다.

3분 동안 워밍업을 겸해 착실히 다리를 움직이며 스텝을 밟는 그 한걸음 한걸음, 그에 맞춰서 내미는 펀치 한 방 한 방, 그에 맞춰 회장 아저씨의 말 한마디 한마디가 울려 퍼진다. 스파이크 단백질, 인체실험, 그러니깐, 메신저 RNA, 고쳐 써서 말이지, 독, 그 프로 야구선수도 말이야, 사인死因, 매스컴에선, 보도하지 않으니깐, 나라에선 보상 따위, 되울림, 만든 놈이 그렇게 말하니, 당연히 옳은 줄 알고, 백해, 과학, 무익, 효험, 나는 무서운 바이러스라고, 되울림, 되울림, 생각하지 않는다고, 그러니깐.

　그럴지도 모른다. 없을지도 모른다. 사실 따윈. 진실 따윈. 사실은 저마다 믿고 싶은 것만이 알아서 존재할 뿐일지도 모른다. 그러니, 그날의 월식도 그렇다. 사실은 아름답지 않았을지도 모른다. 아름다운 것 따윈 없을지도 모른다. 사실은 저마다 아름답다고 생각하고픈 것이 알아서 존재할 뿐일지도 모른다. 아름답지 않으면 곤란하니까. 어색한 시간을 극복하고 간신히 본 월식이 아름답지 않으면 수지가 맞지 않으니까. 진실이 아니면 곤란하니까, 언제 시작되고 언제 끝날지도 모르는 이 지나치게 고요한 여름에 조금이라도 이 불안이나 분노를 누그러뜨려 줄 사실이 진실이 아니면 수지가 맞지 않으니까.

복싱이 상대를 때려눕히기 위해 하염없이 펀치를 날리는 스포츠라고 생각하기 쉽지만 실은 공격보다도 방어가 훨씬 더 어렵고 중요하다. 상대로부터 거리를 두기 위해 날리는 잽, 상대의 돌진을 견제하기 위한 스트레이트, 펀치를 날릴 때면 반드시 턱을 당기고, 반대쪽 손은 높게 유지해서 턱을 막고, 펀치를 날리는 쪽도 어깨로 턱을 단단히 보호한다. 막기 위해 때린다.

실전 훈련을 할 때는 실제로 상대와 대치한 상태에서 연습한다. 링으로 올라가 회장 아저씨와 매스 스파링을 펼친다. 연습한 스텝을 교묘히 끼워 넣으며 잽으로 거리를 유지한다. 상대가 오른손을 뻗으면 왼손으로, 왼손을 뻗으면 오른손으로, 거울처럼 펀치를 받아넘긴다. 풋워크와 잽으로 상황을 살피며 빈틈을 노려서 스트레이트로 공격하면 동시에 아저씨도 카운터로 스트레이트를 날린다. 잽을 치면 잽으로 반격해온다.

거울 같다. 그림자 같다. 그림자를 본다는 것은 다시 말해 자기 자신의 존재를 재확인하는 것이다. 거기에서 자기 자신의 모습을 본다는 뜻이다. 상대방에게는 내가 그림자다.

나 역시 분명 아저씨와 마찬가지다. 건강을 위해 백신을 맞는 나도, 건강을 위해 백신을 맞지 않는 아저씨도 서로에게는 그림자다. 그러니 복싱은 결코 싸움이 아니다. 싸움이 아니었으면 한다.

남은 시간 1분부터 공방은 격렬해진다. 잽, 스트레이트 원투, 페인트를 한번 넣고 보디에 스트레이트, 왼쪽으로 돌아서 롱 훅. 하지만 덩치가 한 치수는 더 큰 아저씨에게 내가 날린 펀치는 하나도 닿지 않았고, 나의 가드가 내려간 틈을 놓치지 않고 아저씨가 날린 라이트 스트레이트가 내 왼쪽 눈으로 들어온다. 퍽 하는 충격과 함께 순간 눈앞이 아찔해진다. 스파이크 단백질, 인체실험, 매스컴 따위, 메신저 RNA 같은 말들이 울려 퍼진다. 하지만 다리는 멈추지 않는다. 계속해서 맞선다. 지키기 위해 때린다.

하지만 사실은 지키기만 하는 게 아니라 가능하다면 전하고 싶다. 받아치고 싶다. 하나라도. 상대로서는 받아들이기 어렵다 할지라도. 왜냐하면, 지키고 싶은 게 있으니까. 나자신도, 가족도, 친구도, 그리고 가능하다면 회장 아저씨도. 그건 필시 서로가 마찬가지겠지만, 결코 힘으로만 밀어붙일 수는 없겠지만, 결코 싸움도 아니지만, 하다못해 라운드 종료를 알리는 버저가 울릴 때까지는 전하기 위해 노력하고 싶다. 손을 뻗고 싶다. 펀치를 먹인 순간에는 머리가 어질어질해질지도 모르지만, 모두 같은 불안과 분노를 느낀다면 분명 전해지는 것도 있으리라.

그래서 때린다. 지키기 위해 때린다. 그렇다, 지키기 위해 때리고 싶다. 살기 위해 때리고 싶다. 나는 때리고 싶다. 나 자신을 위해, 소중한 사람을 위해, 때린다는 선택을 하고 싶다. 때린다. 스파이크 단백질, 때린다, 메신저 RNA, 때린다, 인체실험, 그럼에도, 때리고, 때리고, 때린다.

이윽고 라운드 종료를 알리는 버저가 울렸다. 그날, 내가 날린 펀치는 결국 하나도 아저씨한테 전해지지 않았다.

110엔에 600mℓ들이 보리차는 트레이닝을 마칠 때면 정확히 마지막 한 모금이 남는다. 덤으로 주는 100mℓ가 들어가야 딱 맞는, 계산된 양이다. 마무리로 가벼운 근육 운동을 마친 후, 몸을 진정시키기 위해 스트레칭을 한다. 변함없이 알 수 없는 서양 음악을 모르는 외국인이 커버한 빠른 템포의 음이 회장 아저씨와 나밖에 없는 이 넓은 체육관을 채우고 있다. 이 음악에 지워지고 묻히지만 조금, 아주 조금 어색한 공기가 트레이닝을 마친 나의 폐로 드나든다.

162

"이봐, 그러고 보니 말인데."

회장 아저씨가 입을 열었다.

"아폴로는 진짜로 달에 간 거야?"

"어. 글쎄요⋯."

살짝 맥 빠지는 목소리였다. 나는 스트레칭을 계속하며 회장 아저씨를 향해 고개를 돌렸다.

"아마도 갔을 거예요."

"하하하, 아마도가 뭐야. 전문가 아니었어?"

"그게, 잘은 모르지만 일부는 날조라고 하는 영상도 있다고 하잖아요."

"뭐, 그렇게 옛날에 달에 갔으면서 그 이후로 한번도 안 가고 있으니 정말로 가긴 간 건가 싶겠지."

"하하하, 그야 그렇겠죠."

그럴지도 모른다. 그런 것일지도 모른다. 사실 따윈 없을지도 모른다. 그저 믿고 싶은 것이 저마다 알아서 존재하는 것뿐일지도 모른다.

"그래도 저는 진짜 갔다고 믿고 싶네요."

오늘은 달이 뜨지 않은 모양이다. 하지만 귀갓길에 슬쩍

하늘을 올려다본다. 사실 따윈 없을지도 모르니까. 사실은 누군가의 거짓말일지도 모르고, 보이지 않는 것뿐일지도 모르고, 어쩌면 구멍이 뚫릴 정도로 쳐다보면 구름에 구멍이 뚫려버릴지도 모르고, 구름 사이로 달이 슬쩍 고개를 내밀지도 모른다.

분명, 그 달은 아름다울 것이다. 나는 그 달을 아름답다 여기고 싶다.

우주여행, 십자의 기도

자루자루*의 얼굴이 굳어 있다. 나의 표정도 굳어 있다.
저녁 무렵이었다.

2021년 12월 8일, 일본 시각 오후 4시. 나는 사업가인 마
에자와 유사쿠 씨와 히라노 요조 씨를 태운 소유즈 로켓 발
사의 생중계방송을 원룸에서 홀로 보고 있었다.**

자루자루 두 사람이 긴장된 얼굴로 오프닝 멘트를 하고
있다. 아무래도 자루자루는 우주공간에서 콩트를 하는 것이

---

* 고토 준페이와 후쿠토쿠 슈스케로 구성된 일본의 개그 콤비.
** 〈[마에자와 우주여행] 로켓 발사의 순간을 생중계로 보내드립니다!!〉,
    https://www.youtube.com/watch?v=QZVF60J5_7M. ─ 원주

꿈인 듯하다. "공기도 없는 데서 콩트를 하겠다는 말이군요" 하고 사회자인 후쿠자와 아키라 씨가 재치 있게 대사를 치자 스튜디오 분위기가 사르르 녹아내렸다. 그러자 자루자루의 표정도 살짝 누그러졌다. 하지만 내 표정은 여전히 바짝 굳어 있었다. 생방송 화면에 표시된 카운트다운 타이머가 발사까지 36분도 채 남지 않았음을 알리고 있었다.

2021년은 '우주여행 원년'이라 불린 기념비적인 해였다. 7월에는 버진갤럭틱과 블루오리진이 연달아 최초의 유인 우주여행을 실행에 옮겼다. 9월에는 스페이스X가 처음으로 민간인만 태운 우주선을 궤도에 올려 다른 경쟁사보다 훨씬 본격적인 우주여행을 실현해냈다. 10월에는 소유즈 로켓을 타고 올라간 러시아인 여성 배우와 영화감독이 국제우주정거장에서 영화를 촬영했다. 그리고 한 해를 마무리짓는 12월의 사건이 바로 마에자와 씨와 히라노 씨의 우주정거장 체류 여행이었다. 현직 우주비행사보다 민간인 우주여행객이 더 많이 우주로 올라간 전대미문의 해였다.

2000년대에도 러시아의 소유즈 로켓을 빌려서 우주정거장을 방문하는 여행이 몇 차례 실시되곤 했지만 민간 기업까지 우주여행에 본격적으로 뛰어든 것은 그야말로 새 시대의 개막이라 해도 과언이 아니다. 아직은 가볍게 이용할 만한 비용은 아니지만 많은 사람이 우주여행을 떠나게 될 시대가 서서히 가까워지고 있음은 사실이다. 일련의 뉴스를 보고 가슴이 두근거렸던 사람도 많지 않았을까 싶다.

하지만 변함없이 내 표정은 굳어 있었다. 생방송에서는 완전히 긴장이 풀린 자루자루가 퀴즈 형식으로 우주여행에 대한 단순한 궁금증을 해설하고 있다. 고토 씨가 문제를 내면 후쿠토쿠 씨가 능청스럽게 엉뚱한 대답을 내놓으면서 스튜디오 분위기는 더더욱 화기애애해진다. 생방송이라는 분량의 특성 때문이겠지만 단순한 궁금증 퀴즈는 두 문제 정도로 싱겁게 끝났고, 곧바로 다음 코너로 넘어갔다. 발사까지는 이제 12분도 남지 않았다.

모두가 가진 소박한 궁금증이라면 역시나 '우주여행에는 돈이 얼마나 들까?'가 아닐까 싶다. 나도 매일같이 듣는 질문이기도 하고. 사실 현재의 우주여행은 가격대가 크게 두 종류로 나뉜다. 그중 하나는 우주선을 머리 위로 쏘아올려 고도 100km 정도까지 상승한 후 곧바로 떨어지는 '서브 오비탈sub-orbital'이라는 방식의 여행으로, 비용은 수천만 엔 정도다. 다른 하나는 바로 우주선을 위로 쏘아올린 후 횡방향으로 계속 가속해서 고도 수백 km 정도의 인공위성 궤도에 오르는 '오비탈'이라는 방식의 여행으로, 비용은 두 자릿수가 올라 수십억 엔 정도다.

흔히들 '우주여행'이라 뭉뚱그려 부르지만 서브 오비탈과 오비탈 방식은 가격, 체류 시간, 로켓의 규모까지 그야말로 격이 다르다. 앞서 언급한 예로 말하자면 버진갤럭틱과 블루오리진의 우주여행은 약 1시간 만에 지상으로 돌아오는 서브 오비탈 방식이고, 스페이스X와 소유즈 로켓을 이용한 여행은 인공위성 궤도에서 며칠 동안 머무는 오비탈 방식이다. 기체의 크기도 서브 오비탈 방식은 작은 로켓이 부착된 비행기나 단단식單段式 로켓을 이용해 쏘아올리지만 오비탈 방식은 거대한 다단식 로켓으로 쏘아올려야만 한다. 마에자와 씨의 우주여행은 우주정거장에 열흘 정도 머무르는 오비탈 방식이므로 우주여행 중에서도 굉장히 규모가 큰 부류에 속하는 셈이다.

두 사람이 발사될 지점인 바이코누르 우주기지와 중계가 연결되었다. 현지의 기온은 영하의 날씨라고 하는데, 리포터는 추위 따윈 느껴지지 않는 미소로 현장의 흥분을 전하고 있었다. 발사까지 10분도 남지 않았다.

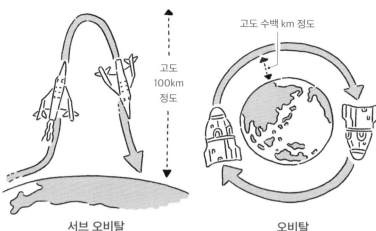

서브 오비탈
수천만 엔(수억 원) 정도의 비용

고도
100km
정도

고도 수백 km 정도

오비탈
수십억 엔(수백억 원) 정도의 비용

　발사 전날에 마에자와 씨를 인터뷰했던 영상이 흘러나왔고, 그 영상 안에서 반복적으로 등장한 것은 '도전'이라는 단어였다.

　"뭐, 저는 항상 도전하는 인간이거든요."

　"도전하는 건 고통이 아니니까요."

　"도전하지 않으면 반대로 살아 있다는 느낌이 들지 않는다고나 할까요."

　"도전하지 않는 인생이란 제 삶에서 존재하지 않죠."

일본의 민간인으로서는 최초로 국제우주정거장 체류를 목표로 하는 이 도전자의 모습을 필시 수많은 일본인이 지켜보고 있으리라. 평일 저녁이니 학교를 마친 아이들도 보고 있을 터. 그 눈동자는 필시 기대감으로 물들어 있을 거다. 하지만, 아니, 그렇기 때문에 내 표정은 굳어 있었다.

떠오르는 것이 있기 때문이다.

그날도 추운 날이었다고 한다. 미국 플로리다주의 케네디우주센터의 기온은 영하의 날씨였으나 추위 따윈 느껴지지 않는 미소를 띤 채 수많은 사람이 발사를 지켜보고 있었다. 발사를 기다리는 로켓에는 민간인인 크리스타 매콜리프 Christa McAuliffe, 1948~86도 탑승해 있었다. 그녀는 '교사를 우주로 보내 우주에서 수업하기'라는 프로그램을 위해 1만 명이 넘는 인원 중에서 선발된, 하지만 극히 평범한 고등학교 교사였다.

민간인 교사로서는 처음으로 우주를 방문할 이 도전자의 모습을 수많은 미국인이 지켜보고 있었다. 교육 관계자들의 관심도 전에 없이 높았고, 학교 수업이 있을 낮 시간대였지만 수많은 학생이 발사 생중계를 지켜보고 있었다. 그 눈동자는 기대감으로 물들어 있었다.

발사로부터 73초 후, 그 수많은 관중의 눈앞에서 로켓이 폭발했다.

화염이 로켓을 감쌌고, 곧이어 기체는 산산이 파괴되었으며, 그 파편이 무수히 많은 비행운을 그리며 흩날렸다. 폭발 순간, 현장 관람석에서는 박수와 환성이 쏟아졌다고 한다. 갑작스러운 사태에 무슨 일이 일어났는지도 모른 채, 그 폭발을 제1단 로켓이 분리되는 연출이라 착각한 것이다. 당시 유인 우주선 발사는 연속해서 성공을 거두고 있었기에 설마 발사에 실패하리라고는 아무도 생각지 못했다. 무슨 일이 일어났는지 더더욱 이해하지 못했던 아이들도 주변 어른들을 멀뚱멀뚱 둘러보며 박수를 치고 있었다.

잠시 후 몇몇 관중이 문제가 있음을 눈치챘고 환성은 점차 아우성으로, 이윽고 침묵으로 바뀌어갔다. 사방으로 흩어진 기체의 파편은 그들 눈앞에서 천천히 지상으로 떨어졌다. 승무원들의 가족은 멍하니 그 파편의 궤적을 눈으로 쫓고 있었다. 1986년 1월 28일, 매콜리프를 포함한 승무원 7명 전원이 사망한 우주왕복선 챌린저호 폭발 사고였다. '챌린저', 즉 '도전자'라는 이름의 우주선이었다.

마에자와 씨의 발사 카운트다운이 채 1분도 남지 않았다. 우주비행사인 야마자키 나오코 씨가 발사 후 로켓이 분리되는 절차를 담담히 설명하고 있다. 자루자루의 표정에서는 다소 긴장이 묻어나기 시작했다. 유튜브 라이브의 댓글 창에는 "다녀오세요!", "조심하세요!"라는 댓글들이 빠르게 올라오고 있다.

　앞으로 30초, 로켓과 이어진 엄빌리컬 타워umbilical tower가 분리되자 스튜디오에서는 환성이 울려 퍼졌다. 자루자루의 표정에도 웃음이 흘러나온다. 내 표정은 굳어 있다. 앞으로 10초, 하얀 연기가 피어올랐고, 엔진에 불이 붙었다. "와, 대박" 하고 출연자들의 입에서 탄성 섞인 음성이 흘러나온다. 물론 내 표정은 굳어 있다. 카운트다운은 멈추지 않는다.

　챌린저호가 폭발한 직접적인 원인은 영하의 추위에 로켓 엔진을 밀봉하는 고무가 탄성을 잃은 탓에 고온의 화염이 누출된 것이었다. 이는 예상치 못한 일이 아니었다. 일부 기술자들은 추운 날에는 사고 위험성이 높아짐을 사전에 지적하며 발사 중지를 요구했더랬다. 하지만 윗선에서는 그 요구를 묵살했다. 발사를 연기했다간 비용이 추가되기 때문이었다. 인명의 안전보다도 경영자적 판단이 우선되었다. 설계 자체의 기술적 문제점과 동시에 정치적·경제적 문제가 밖으로 드러난 결과가 바로 챌린저호 사고였다.

2021년, 우주여행 원년이라 불리는 이해를 기점으로 사람을 우주로 쏘아올리는 기회는 점점 늘어날 것이다. 물론 우주를 목표로 하는 수많은 도전자가 꿈을 이룬다는 것은 무척이나 반가운 일이다. 나도 돈만 있으면 우주여행을 떠나고 싶다. 하지만, 그렇게 생각하기에 우리는 지금 이 타이밍에 다시 한번 진지하게 역사를 돌아보아야 한다. 윤리에 대해 다시 생각해보아야 한다.

민간 기업이 우주여행에 참가한다는 말은 본격적인 시장이 열린다는 뜻이다. 인명의 안전보다 경영자적 판단이 우선시되는 사태에 쉽게 빠져들 가능성이 있다는 뜻이다. 한번 시작한 카운트다운은 멈추지 않는다. '인간에게는 개척자 정신이 있다!', '모험의 본능을 따르는 건 당연한 일이다!'라는 순수한 이유로 정당화해도 정말 괜찮을까. 인폼드 컨센트informed consent*라 하면 듣기에는 그럴듯해 보이지만, 훈련을 충분히 받지 않은 승객이 우주여행의 위험성이나 건

---

*   충분한 설명에 기반한 사전 동의를 말한다.

강에 대한 피해를 정말 제대로 이해할 수 있을까. 그럼에도 우주에 간다는 건 정말로 좋은 일일까.

3초 전, 2초 전, 1초 전, 그리고 마에자와 씨를 태운 소유즈 로켓이 천천히 상승하기 시작한다. "와, 굉장해" 하고 스튜디오에서 환성이 울려 퍼진다. "지금 맞죠? 뉴스 영상이 아니라 지금 일어나는 일 맞죠?" 하며 후쿠자와 아키라 씨가 흥분한 기색으로 생중계를 이어나간다. 그렇다, 지금이다. 바로 지금이다. 시대의 전환기인 지금, 우리의 세계에서 일어나고 있는 일이다. 지금 이 시대를 살아가는 우리가 똑바로 마주해야 하는 현실이다.

사람을 우주로 쏘아올린다는 것은 결코 안전하지 않다. 물론 오랜 우주개발의 역사 속에서 수많은 개량을 거치며 안전성은 높아지고 있지만 그럼에도 등에 폭탄을 매단 채 비행하는 구조임은 근본적으로 변하지 않았다. NASA의 우주왕복선 계획은 총 135회의 비행 중 2회의 사망사고를 일으켰다. 2014년에 실시되었던 버진갤럭틱사의 시험 비행 중 벌어진 사고에서는 파일럿 1명이 사망했다. 비교적 안전성이 높다고 하는 소유즈 로켓 역시 2018년에 제1단 로켓을 분리할 때의 사고로 우주비행사들의 목숨이 위험에 빠진 바 있다.

사고는 100번 혹은 200번 중 한 번꼴로 일어나는데, 그 한번이 오늘일지도 모른다. 물론 오늘이 아니길 바라지만 오늘이라 해도 전혀 이상하지 않다. 사람을 우주로 쏘아올린다는 것은 이토록 위험한 일이다.

그래서 나의 표정은 굳어 있었다.

마에자와 씨를 태운 소유즈 로켓의 속도가 점점 빨라진다. 화면에는 제1단 로켓을 분리하기까지의 카운트다운이 표시되어 있다. 기내의 마에자와 씨는 미소를 띠고 있다. 나는 굳은 얼굴로 기도하고 있었다. 오늘이라 해도 전혀 이상하지 않지만, 부디 오늘만큼은 아무 일 없이 안전하게 날아주기를. 저 미소가, 저 도전이 부디 부서지지 않기를. 하지만 카운트다운은 멈추지 않는다.

화면이 로켓 외부의 영상으로 전환된다. 아래로는 두터운 구름에 뒤덮인 지표면이 비춰지고 있었다. "우와, 굉장해, 지구다!" 하고 스튜디오에서 탄성이 들려온다. "우와, 뭐야 이거" 하며 자루자루가 눈앞에 펼쳐진 광경에 놀라고 있다. 나는 기도한다. 3초 전, 2초 전, 1초 전, 그리고 네 개의 제1단 로켓이 분리된다. 빙글빙글 회전하며 상하좌우로 말끔하게 분리되어 지구로 낙하한다. "신체조의 곤봉처럼 아름답게 쓰윽 돌아갔네요" 하고 후쿠자와 아키라 씨가 연신 흥분한 기색으로 생중계를 하고 있다. "이건 제1단과 로켓이 분리될 때 부딪히지 않게끔 의도적으로 설계된 겁니다" 하고 지체 없이 야마자키 나오코 씨가 기술적 해설을 곁들인다. "아, 그런 거구나, 우와, 굉장한 기술이네요." 이어서 야마자키 씨가 말을 덧붙인다.

"이렇게 말끔하게 분리되는 모습을 코롤레프Korolev의 십자라고 부르기도 합니다."

십자가형이 로마제국에서 가장 잔혹한 형벌이었다면 필시 당시 사람들에게 십자가는 두려운 죽음의 상징이었으리라. 그런데 어떻게 십자가가 구원의 상징이 되었을까. 어째서 나는 그 십자에 기도를 바치는 것일까. 모르겠다. 역시 좋은 일인지 나쁜 일인지는 아직 확실하지 않다. 바로 결론이 나오긴 힘들지만 그렇기 때문에 차분히 생각해보아야 한다. 우주여행 시장은 앞으로 점점 확대될 수밖에 없을 것이다. 좋은 일인지 나쁜 일인지는 모르지만, 그렇기 때문에 차분히 생각해보아야 한다.

나는 변함없이 굳은 얼굴로 기도하고 있다. 조금만 더. 조금만 더.

중계 영상에 비친 지구는 이미 아득히 멀어진 상태다. 최종 로켓이 분리되기까지 앞으로 1분도 남지 않았다. 카운트다운은 지금도 계속되고 있다.

이토카와 히데오와 어느 겨울날

국도 옆 가로수 길을 빠져나오자 날은 쾌청했다. 토해낸 숨이 하얗게 변했다. 수위실에도 아침이 찾아왔다.

나는 원룸을 박차고 나와 오랜만에 연구소에 와 있다. 수위 아저씨에게 직원증을 보여주고는 멍하니 자전거를 몰아 정문을 지난다. 수위 아저씨는 등을 빳빳하게 펴면서도 어깨에 적당히 힘을 뺀 채 경례로 맞이해준다. 나 또한 힘 빠진 목례로 화답한다. 겨울의 2월 아침. 현재 나는 JAXA, 통칭 '우주연'이라 불리는 곳에 다니고 있다.

JAXA는 사실 2003년까지는 전혀 다른 세 개의 연구기관이었다. 비행기를 연구하는 항공기술연구소NAL, 우주의 실용적 이용에 주안점을 둔 우주개발사업단NASDA, 그리고 우주과학을 연구하는 우주과학연구소ISAS. 2003년 이 세 기관이 통합하여 JAXA라는 하나의 조직으로 거듭난 뒤로도 저마다의 이런저런 기풍이 진하게 남아 있었기에 사실은 JAXA 사업소마다 연구 방침도, 분위기도 제법 다르다. 특히 나머지 두 기관과 달리 '우주연'이라는 이름은 아직까지 정식 부서명으로서 남아 있었고, 거점인 사가미하라캠퍼스에는 우주과학·우주탐사의 최첨단을 개척해온 개척자 정신 같은 것이 여전히 뿌리내려 있었다. 본래 도쿄대학의 연구팀이 모체였다는 배경 때문에 지금까지도 학생을 받아들이고 있어서 그런지, 왠지 모르게 편안한 분위기가 강하다는 점역시 우주연의 특징이다.

수위실에서 곧장 앞으로 향하면 막다른 곳에는 커다란 벚나무 한 그루가 버티고 서 있다. 그날도 벚나무는 조용히 봄을 기다리고 있었다. 해마다 벚꽃이 만개할 계절이 찾아오면 기념사진을 찍게끔 연구팀을 불러모으는 역할을 하는 커다란 벚나무다. '과학'이라든가 '우주개발'이라 하면 냉철한 매드 사이언티스트나 무기질한 우주선과 같은 이미지로 묶이는 경우가 왕왕 있지만 그럼에도 이곳에는 '사람'이 있음을 이 벚나무가 항상 푸근하게 상기해준다. 당연한 사실이지만 연구자들도 계절을 느끼고, 개인적 감정이 있다. 우주개발은 사람의 감정으로 움직인다. 우주연의 편안한 분위기, 그리고 그 배후에 자리한 인간미를 지탱해주는 지주로서 버티고 선 이 벚나무가 나는 좋다.

자전거를 타고 벚나무 쪽으로 다가가면 그 오른쪽에는 실물 크기의 거대한 로켓 모형 두 대가 보인다. 1985년의 국제 핼리혜성 탐사 때도 활약한 M-3SⅡ 로켓과 초대 하야부사를 비롯해 수많은 도전적인 임무를 떠받쳐온 M-V 로켓이다. 동쪽에서 서쪽을 향해 카메라를 잡아보면 벚나무 가지의 품속에 쏙 들어가는 형태로 로켓들이 배치되어 있다. 멀리서 보면 거대한 하얀색 크레용 같은 실루엣인지라 그 풍모가 참으로 앙증맞다.

봄을 기다리는 벚나무에는 아직 봉오리가 하나도 맺히지 않았다. 휑한 가지 사이로 뒤쪽의 풍경이 눈에 들어왔다. 둘이 겹쳐지자 카메라 앱에 필터를 과하게 먹인 듯 나뭇가지가 검은 줄기처럼 떠올랐다. 자전거를 타면서 보니 그 필터 밑으로 아침 풍경이 흐른다. 요컨대 찍히는 대상과 찍는 대상이 영화의 오버랩처럼 겹치는 셈이었다.

우주연에는 인간의 의지와 근성으로 로켓을 날려온 역사가 있다. 그도 그럴 것이 미국이나 소련이 이미 수십 톤 크기의 거대한 로켓을 쏘아올리던 1950년대에 비로소 200g의 장난감 같은 로켓으로 우주개발을 시작했으니까. 때마침 GHQ General Headquarters[*]에 의한 항공기 연구 금지령이 해제되었을 무렵이다. 그 와중에 '로켓을 사용해 태평양을 20분 만에 횡단하자!'라는 구상을 당당하게 내걸었으니, 아마도 이론보다는 근성으로 전진하던 느낌이 아니었을까.

당시 연구진을 이끌었던 이토카와 히데오糸川英夫, 1912~99 교수는 "1958년까지 일본이 고도 100km 부근까지 도달하는 로켓을 쏘아올릴 수 있겠습니까?"라는 문부성 관료의 물음에도 "올려보죠" 하고 일말의 망설임 없이 대답했다고 한다.[**] 장난감 같은 로켓을 날리던 무렵에 그 정도 패기라니. 패전 이후로 적자투성이였던 경제도, 패전국을 향한 연민의 눈빛도 모두 뒤엎어주겠다는 의지와 근성으로 로켓을 날려온 것이 아닐까. '펜슬 로켓'이라 불린 이토카와 교수의

---

*   연합국 최고사령관 총사령부.
**   일본의 우주개발사, 〈우주연 이야기〉 '신문 기사', https://www.isas.jaxa.jp/j/
     japan_s_history/chapter01/01/04.shtml. ─ 원주

이 장난감 같은 로켓이 우주연에서 개발해온 모든 로켓의 시작이었다. 개척자 정신이라 하면 살짝 호들갑처럼 느껴지겠지만 당시 기술자들의 근성은 현재 우주연의 기풍에 고스란히 담겨 있다.

벚나무를 곁눈질로 흘기며 자전거 페달을 힘껏 밟는다. 자전거 주차장으로 향하는 벽돌 바닥은 몇 년 전부터 군데군데 헐거워진 상태인지라 밟으면 덜걱덜걱 소리를 내며 벽돌이 흔들린다. 자전거로 그 위를 달리며 올려다본 쾌청한 하늘에는 검은 비행체의 그림자가 덩그러니 떠 있다. '엇' 하고 소리를 내려 했지만 메마른 성대는 생각만큼 떨리지 않았고, 입술 끄트머리만이 무의미하게 실룩였다. 군용 수송기였다.

우주연이 있는 사가미하라시는 요코타 기지와 아쓰기 기지의 정가운데 부근에 있어 이따금 군용기가 하늘을 가른다. 여객기보다 덩치 큰 기체는 투박한 색으로 칠해져 있는데, 아득히 먼 하늘을 느긋하게 날아가는 군용기는 언제나 나와는 동떨어진 것처럼 느껴진다. 그럴 때면 나는 대체로 멍하니 있다. 그런가 보다 하고 넘어간다. 눈앞에서 움직이고 있지만, 확실히 보이지만, 일단 현재 나의 삶과는 직접적인 관계가 없다는 사실에 안심한다.

겨울의 2월 아침. 군용기는 느긋하게 움직이는 것처럼 보여도 착실하게 목적지로 향해 날아가고 있었고, 그렇기에 눈 깜짝할 사이에 머나먼 하늘로 사라졌다.

이토카와 교수는 본래 비행기 설계사였다. 중학생 시절 찰스 오거스터스 린드버그Charles Augustus Lindbergh, 1902~74의 대서양 단독 횡단에 감명받아 항공학과에 진학한 후 나카지마비행기회사에 입사해 전문 설계사가 되었다. 1935년이었다. 히틀러가 베르사유 조약을 파기한 해였다. 그렇게 곧바로 전쟁에 휘말려 군의 명령으로 전투기를 만들어야만 했다. 이토카와 교수는 육군의 하야부사라는 전투기를 설계했다. 명기였다. 하지만 전쟁에서 패배하며 항공기 연구는 미국에 의해 전면 금지되었다. 꿈을 좇다 시대에 휘둘렸지만 그럼에도 굴하지 않고 다시금 정열을 쏟기 시작한 것이 바로 그 장난감 같은 펜슬 로켓이었다.

하늘을 나는 기술, 즉 항공과 우주기술은 그 자체로 군사기술이기도 하다. 비행기는 총을 달면 전투기가 되고, 로켓도 인공위성 대신에 폭탄을 실으면 그 자체로 미사일이 된다. 미사일과 로켓 모두 근본적인 기술은 완벽하게 동일하다. 냉전 시의 미국과 소련의 우주개발 경쟁 역시 명목상으로는 꿈과 희망을 안겨주기 위함이라지만 결국은 군사적으로 상대방보다 우위에 서기 위함이었다. 그렇게 생각해보면 우주연, 나아가 일본이 로켓을 개발해온 역사는 특수했다. 탄도미사일을 로켓으로 전용轉用하면서 시작된 역사가 아니라, 철저히 이토카와 교수가 구상했던, 평화로운 목적에 이용하기 위한 로켓에서 발전해온 역사였다.

주차장에 자전거를 세우고 벽돌 포장길을 걸어서 되돌아간다. 변함없이 헐거운 벽돌은 한걸음 한걸음 발을 내디딜 때마다 덜걱, 덜걱, 덜걱, 덜걱. 그렇게 식당 앞까지 걸어와 보니 새가 죽어 있었다. 산울타리 옆에 바로 누워서 하얀 배를 내보인 채 팔다리를 반듯하게 오므린 자세로 굳어 있었다. 무슨 새인지는 모른다. 피는 보이지 않았다. 위에서 들여다보니 턱을 들어올린 자세로 힘없이 눈을 감고 있었는데, 그래서였을까, 어딘지 모르게 황홀한 인상이었다. 쾌청한 아침에 떨어진 비현실적인 세상의 환영 같았다. 경직된 몸은 아침 공기에 감싸여 부드러워졌지만 인형처럼 저항하지 않는 모습과 숨이 끊어져 자유로워진 모습은 삶도 죽음에서도 자유로워진 듯한 모습이었다. 그래서 계속 보고 싶었지만 동물 사체를 관찰하는 모습을 다른 누가 본다면 안 될 것만 같아 눈길을 돌렸다.

나는 날아간 비행기 모두가 무사히 돌아오기를 줄곧 염원했네. 하지만 내 비행기는 자폭에 쓰이거나 살인에 쓰였다며 비난을 받기도 했지. 철판(방탄판) 한 장을 하야부사의 좌석 등받이에 넣었으면 살아났을 파일럿도 무척 많았을 거야. 하지만 1g이라도 무게를 줄이라는 말에 그럴 수는 없었지. 비행기는 내 자식이야. 자식에게 살인을 시키고픈 부모가 어디에 있겠나.

이토카와 교수는 10년 정도 로켓 개발의 최전선에 선 후 도쿄대학을 그만둔 뒤로는 처자식을 두고도, 안이라는 여성의 집에 눌러앉아 살았다고 한다. 자신은 당당했던 모양이지만 불륜이라 해도 틀린 말은 아니었다.

나는 안과 몇 번이고 헤어지려 했어. 하지만 말이야, '그만 헤어집시다' 하고 다리 한복판에서 각자 걸어가다가 다리

를 다 건넜을 때면 다시금 고개를 돌려 결국은 함께하게 되더군.[*]

그렇다. 사람에게는 개인적 감정이 있다. 연구자들도 계절을 느끼듯이, 일본 우주개발의 아버지에게도 개인적 감정이 있다. 필시 그 투박한 색깔의 군용기를 조종하던 파일럿에게도 감정이 있었을 것이다. 분명히 말이다.

"있잖아요, 구보 씨."

한 선생님과의 대화가 떠오른다.

"개인적으로는 지금 세상이 돌아가는 모습을 보면 정말로 눈물이 나와요. 하지만 말이죠. 우리는 묵묵히 과학에 매진할 수밖에 없습니다."

그분은 언제나 편안한 미소를 짓곤 하는, 살가운 성격의 사람이었고, 술이 들어가면 조금은 지나치게 텐션이 높아지기도 했다. 그런데 그 선생님이 전혀 장난스러운 기색 없이 내게 그런 말을 했다. 솔직한 말이었다. 따스한 말이었다.

"개인의 감정은 그렇지만, 조직으로서 그런 입장을 표

---

[*]   기요타케 히데토시, 《뒷줄에 선 사람》, 분게이이슌슈, 75~76쪽. – 원주

명할 수는 없어요. 우리 입장으로선 조용히 지켜볼 수밖에 없죠."

따스한 말이었기 때문에 견딜 수 없이 슬펐다. 개인의 감정은 그렇지만 우주기술은 그 자체로 군사기술이다. 우주개발은 복잡한 국제 관계 속에서 성립되기에, 상냥하지 않기 때문에 다투는 것이 아니라, 모두가 상냥함에도 다툼을 그만두지 못하는 것이다.

"우리 과학자는 중립적인 입장에서 과학을 논할 수 있는 몇 안 되는 존재예요. 그런 거예요, 구보 씨. 이토카와 히데오도 그랬고."

연구자라고 결코 감정이 없는 것은 아니다. 모두 개인적 감정이 있기에 슬프다. 정확하게 우주비행체를 날리기 위한 기술은 정확하게 사람을 죽이기 위한 기술로 변해버리기도 한다. 누군가가 소중히 여기던 것을 완벽하게 파괴하기 위한 기술로 변한다.

그래서 우리는 묵묵히 과학에 매진할 수밖에 없다, 필시. 하지만 실제로는 어떡하면 좋을지 전혀 모르겠다. '이런 짓을 해도 괜찮을까' 하는 생각도 든다. 내 자식처럼 고이 키워온 연구의 성과가 인간을 죽이는 데 공헌했다면 나는 살인

자의 부모인 것일까. 아니다. 아니지만 얼마나 아닌 것일까. 정성적으로? 아니다. 정량적으로? 아니다! 머리가 멍하다. 하지만 멍하니 있다 보면 먼 나라의 슬픔은 나와 상관 없는 곳에서 벌어진 사건처럼 스쳐 지나간다. 움직이고 있는 데도, 눈에 보이는 데도, 일단 지금 나의 삶과는 직접적인 관계가 없다는 사실에 안심하게 된다. 때문에 어떻게 해야 좋을지 나로서는 도무지 알 길이 없다. 그렇게 시간이 흘러간다.

그날, 선생님과의 대화를 마친 후, 나는 아무도 없는 방에서 소리 내어 울었다. 어떻게 하면 좋을지 몰라서, 자신의 얕은 생각이 부끄러워서, 모두 상냥한데, 상냥하지만 무력하기에 울었다.

새의 사체는 그다음 주에 사라졌다. 땅바닥에 피도 묻어 있지 않았다. 흔적도 없이 말끔히 사라졌고, 그런가 보다 하고 넘어갔다.

또다시 죽음이 스쳐 지나갔다. 벚꽃에는 봉오리가 하나도 맺히지 않았다. 군용기는 날고 있지 않았다. 아무것도 없었다. 구름 한 점 없었다. 쾌청했다. 뺨이 화끈거렸고 눈만 차가웠다. 눈꺼풀이 젖었다. 비틀거리듯 뒷걸음질 치며 시선을 위로 향한 순간, 쏴아 하는 소리와 함께 푸른 하늘이 나의 눈 안으로 쏟아지는 느낌이었다. 내가 할 수 있는 일은 무엇 하나 없었다.

선택하지도 선택받지도 않는

반짝반짝한 구릿빛 생머리 같은 바지를 입은 사람의 모습을 보고 '아아, 나는 또다시 이 거리로 돌아오고 말았구나' 하고 생각했다. 이 거리에서는 다양성이 존중받는다.

태양과 다양이 한 글자 차이라면 독과 고독도 한 글자 차이다

그곳에 선택받지 않은 구두는 존재하지 않았다. 모두들 자신이 선택했기에, 혹은 누군가가 선택했기에 그 구두를 신고 그 자리에 서 있었다.

선택하지도 선택받지도 않은 이 별에서 태어난 내가 선택하는 내정內定

단가短歌[*]를 좋아하게 된 때는 대학교 4학년 때, 블로그에 글을 쓰기 시작했을 무렵이었다. 언제부터였을까, 마음에 든 다섯 글자, 일곱 글자를 스마트폰 메모장에 적어놓고는 그 글자들에 이런저런 말을 내키는 대로 뚝딱뚝딱 짜맞추기 시작했다. 이것도 아냐, 저것도 아냐 하고 짜맞추는 사이 퍼즐처럼 말이 딱 들어맞으면 순식간에 눈앞의 풍경이 넓어진다는 점에서 단가가 좋았다.

선택하는 것과 선택하지 않는 것의 균형이 잘 어우러지기에 단가가 좋다. 31자라는 글자 수가 미리 정해져 있기에, 첫 번째로 '선택할 수 없다'라는 제약이 걸린 상태에서 어휘를 선택해야 하므로 적절히 골라내는 재미가 있다. 적절히 골라야 하지만 표현의 폭이 무척 넓다는 것도 단가의 장점이었다. 일일이 다 말하지 않아도 무엇이든 말할 수 있을 것만 같다는 점이 좋았다.

---

*   일본 고전시가의 형식 중 하나.

사춘기 시절의 나는 말이 없었다. 아니, 반항할 기력조차 없을 정도로 하루하루 그저 지쳐 있었다. 고등학생 때였다. 집에서 나는 소리가 머릿속에서 쾅쾅 울려댔지만 시끄럽다고 화를 낼 기력도 없었고, 화를 낼 기력도 없으면서 눈앞이 새하얘질 정도로 짜증이 날 때가 있었다. 집에서는 거의 아무 말도 하지 않았다. 할 수 없었다. 학교에서는 딱히 티를 내지 않고 친구들과 떠들어댔지만 집에 돌아오면 도무지 목소리가 생각처럼 나오지 않았다. 딱히 그러려던 것도 아닌데 몸은 전혀 말을 듣지 않았고, 안과 밖에서의 성격 차이에는 스스로도 놀랄 정도였다. 어느 쪽이 진정한 나인 것일까 하는 생각이 줄곧 머릿속에서 떠나지 않았다.

K군은 항상 반의 중심이며 미소가 끊이질 않는 우주인입니다

아무런 말도 할 수 없기에, 아무런 말을 하지 않아도 세상이 먼저 내 모든 것을 헤아려주길 바랐다. 하지만 "네가 무슨 생각을 하는지 전혀 모르겠다"라며 어머니는 몇 번을 울었다. "정말로 날 좋아하긴 하는 거야?"라며 여자친구는 몇 번이고 나를 다그쳤다. 그러다 한층 더 목소리를 낼 수 없었다.

그래서 단가가 좋았다. 일일이 다 말하지 않고도 무엇이든 말할 수 있게 되길 바랐다.

에세이는 다양한 이야기를 할 수 있어서 좋았다. 언제부터였을까? 스마트폰 메모장에 그날그날의 느낀 점을 적은 후에 나만의 이론대로 이어붙이기 시작했다. 그렇게 다양한 이야기를 적었다. 대학교 4학년 때부터였다. 정해진 제약이 없고, 자신만의 이론을 마음껏 펼칠 수 있고, 표현 형식도 마음대로 정할 수 있다는 점에서 에세이가 좋았다.

아무 말도 하지 않아도 세상이 먼저 모든 것을 헤아려주길 바라기에는 역시나 한계가 있었다. 어른이 된다는 것은 더 이상 그것이 허용되지 않는다는 것이기도 했다. 그래서 나는 훨씬 다양한 말을 해야 했다. 그러기 위해 에세이가 필요했다. 몇 년 전까지 사춘기를 보냈지만 여전히 중요한 사실을 매번 제대로 입 밖에 내지 못했다. 말하지 못하기에 나로서는 쓸 수밖에 없었다. 좋아하는 것도 싫어하는 것도, 쓰기만 할 뿐 거의 입 밖으로 꺼내본 적이 없다.

쓰는 것밖에 할 줄 모르는데, 그런데도 쓰면 쓸수록 쓸 수 없어지는 것이 있다. 무슨 수수께끼냐고? 쓰면 쓸수록 쓸 수 없어지는 게 무엇일까. 그 답이 무엇인지 여전히 나는 모른다. 조금 더 힘을 빼고 써도 될 텐데, 하지만 그랬다간 무엇을 쓰면 좋을지 종잡을 수 없어진다. 힘을 빼고 쓴 글은 어쩐지 아무런 가치도 없는 듯한 느낌이 들어 힘을 빼지 못한다. 그렇게 두려워하듯이 쓰고, 쓰고, 쓰고, 쓰고, 쓰면 쓸수록 쓰고 싶었을 무언가로부터는 멀어져 가는 느낌이 든다. 하지만 무엇으로부터 멀어져 가는지도 잘 모르겠다.

멀어지는 별에도 실은 도플러 효과Doppler effect가 있거든, 떠나는 야간 버스처럼

에세이를 쓸 때 선택하는 것과 선택하지 않는 것은 거의 같은 것이 아닌가 싶다. 선택할 수 없다는 제약이 없지만, 그렇다 해서 모든 것을 남김없이 쓸 수는 없기에, 선택하면 선택할수록 선택되지 못한 말도 한없이 늘어만 간다. 선택되지 못한 그 수많은 말 속에는 선택되었어야 할 말도 섞여 있다. 쓰고 싶었을 무언가가 매번 거기에 있다. 그런데 모른다. 선택해야 할 것이 버젓이 준비되어 있지만 그것을 선택하지 못하는 것은 오로지 나의 무능함 탓이다. 변명할 여지가 없다. 그래서 선택하지 못하고 있다. 쓰지 못하고 있다.

술을 마시면 뭔가 쓸 수 있지 않을까 하는 마음에 도보로 1분 거리인 편의점에 간다. 그곳에는 눅눅한 공기와 튀김용 폐기름 냄새, 그리고 싫어하는 알바생이 있다. 귀찮다는 듯 계산대에서 포스기를 두드리며 봉투는 필요하냐고 사무적으로 묻는 알바생. 그런 알바생임을 알면서도 혹시 내가 폐를 끼친 건 아닐까 싶어 되도록 친절한 손님이 되고픈 내가 싫다. 표정이라도 살갑게 지어보려고 잔뜩 얼굴에 힘을 주고는 있지만 마스크를 쓰고 있으니 아무 의미도 없었다. 그런 모든 게 싫다.

"야경 따윈 전깃불이잖아"라고 말할 것 같아서 해왕성과 당신이 싫어

친절한 알바생도 있다. 그 친절한 알바생은 그림을 그리는데, 편의점에는 그 알바생이 그린 작품도 몇 점 걸려 있다. 가만히 서 있지만 박력 넘치는 호랑이나 사자를 그린 그림이다. 새로운 그림이 눈에 들어오면 그 알바생에게 말을 걸고는 한다. 늘 야간 근무였다. 알바생은 "그린다는 건 역시 즐거워요" 하고 쑥스럽다는 듯 말하곤 했다. 삐 하고 바코드

를 읽을 때마다 일일이 상품을 두 손으로 공손히 계산대에 돌려놓는 알바생. 오늘은 그 친절한 알바생 대신 싫어하는 알바생만 있다. 아마 내가 싫어하는 알바생도 나를 싫어할 것이다. 술을 마시면 나쁜 말만 쓰게 된다.

　　버번의 원료는 달, 달 표면에서 죽은 아이는 아직 없으니까

　　안타까운 뉴스가 보도된 날, 호빵맨 젤리를 샀다. 포도맛이었다. 얄팍한 오블라투$_{oblato}$*를 조심스레 벗겨내며 호빵맨 실루엣을 한 보라색 젤리를 떼어내자 투명한 용기에 새겨져 있던 호빵맨이 화난 얼굴로 펀치를 날리고 있었다. 폭력은 슬프다. 사람의 목숨이 너무나도 연약하다는 사실이 슬프다. 조금 전까지 웃고 있었던 사람이 묵직한 물질로 돌아가는 순간이 무섭다. 손이 삐끗해서 오블라투가 찢어졌다. 겨우 그 정도에 더는 원래대로 돌아가지 못하는 것이 있다.

　　모두에게 선택받은 사람이 폭력을 당했다. 모두에게 선택받았기 때문에 폭력을 당했다. 그렇다면 선택한다는 것은

---

*　전분으로 된 얇은 막으로, 먹기 힘든 약 따위를 먹을 때 사용한다.

폭력일까. 쓴다는 것이 선택하는 것이라면 쓰는 것도 폭력일까. 그렇다면 지금 나는 누구에게 폭력을 휘두르고 있는 것일까.

초승달이 감춘 지문처럼 네 말이 이해되지 않는 오후

무엇을 쓰고 싶은지 모르겠다. 이렇게나 썼으면서 여전히 나는 쓰고 싶은 것을 한마디도 쓰지 못한 것 같다.

반짝반짝한 구릿빛 생머리 같은 바지를 입은 사람의 모습에 '아아, 나는 또다시 이 거리로 돌아오고 말았구나' 하고 생각했다. 샐러리맨 몇 명이 내리고 정확히 같은 수의 샐러리맨이 돌아왔다. JR 요코하마선, 차 안의 공간에는 아직 조금 여유가 있는 데도 출입문 주변에만 사람들이 밀집해 있다. 그럼에도 조금이라도 옆 사람과의 거리를 유지하고자 지그재그로 서 있다. 사람들이 지그재그로 서 있는 만큼 그들이 신은 신발도 지그재그로 늘어서 있었고, 그것이 지그재그로 눈에 들어왔다. 줄곧 고개를 숙이고 있었기에 자꾸만 발치로 시선이 쏠린다. 그중 무엇 하나 같은 신발은 없었다. 이 거리에서도 다양성이 존재한다.

태양과 다양이 한 글자 차이라면 독과 고독도 한 글자 차
이다

태양을 피해 걷고 속은 차가워지고 독과 나[*]는 한 글자 차
이다

그곳에 선택받지 못한 구두는 존재하지 않았다. 모두들
자신이 선택했거나 혹은 누군가가 선택했기에 그 구두를 신
고 그 자리에 서 있었다. 이 사실이 조금씩 무서워진다. 이
거리에는 수없이 다양한 선택지가 있고, 주차장의 자전거는
대부분 똑같이 생겼지만 전부 조금씩은 다르고, 다양성이
존재하고, 그렇기에 이 거리에서는 나 또한 무엇과도 바꿀
수 없는 개인 중 하나의 존재다. 하지만 집에 도착하기까지
내가 앉을 자리는 줄곧 없었다.

선택하지도 선택받지도 않은 이 별에서 태어난 내가 선택한
내정

---

* 일본어로 '나僕'는 보쿠, 독毒은 도쿠이다.

선택하지도 선택받지도 않은 이 별에서 선택받지 못한 내가
지나갑니다

일주일 전에 나는 우주비행사 선발시험에서 떨어졌다. 0
차 시험에서 문전박대를 당한 것이다. 시작점에도 서지 못
했다. 슬퍼할 자격조차 없다는 사실이 너무나도 슬펐다. 이
세상에는 수많은 사람이 있고, 모두를 선택할 수 없어서 선
택받지 못하는 것이 있다. 지그재그로 늘어선 구두 중에 선
택받지 못한 구두는 존재하지 않았다. 그러니 선택받지 못
한 것은 나뿐이었다. 집에 도착하기까지 내가 앉을 자리는
줄곧 없었다. 내 자리는 더 이상 어디에도 없었다.

선택받지 못한 내가 선택하지 않은 문장이 여기에 쓰이
는 일은 결코 없으리라. 오전의 방 안이 고요했던 것도, 그때
혼자였던 것도, 친구는 합격했던 것도, 미안하다던 사과의
말도, 인생에는 배경음악이 깔리지 않는다는 것도, 내가 건
넨 격려의 말도, 그 말이 자신을 지키기 위한 말이었다는 것
도, 축하할 거리도 없으면서 산 케이크도, 뻐근한 허리의 고
통도, 케이크에 초를 켜기 전에 불합격했노라 알렸던 것도,
방 안이 역시나 고요했던 것도, 메일도, 그곳에 적혀 있던 바

람도, 그걸 보고 내뱉었던 말도, 욕지거리도, 잘못 써서 몇 번이고 지운 글자도, 그때마다 쯧 하고 혀를 찼던 것도, 작품으로 하겠다는 거짓말도, 싫증도, 모두 여기에는 쓰여 있지 않다. 더는 쓰지 않겠다. 그러면 선택받는 것도 선택받지 못한 것도 모두 없으리라.

선택받지 못한 내가 선택하지 않은 문장이 여기에 쓰이는 일은 결코 없으리라. 더는 필요치 않다. 선택하고 싶지 않다. 쓰고 싶지 않다. 더 이상 쓰고 싶지 않다. 선택한 말에서 모든 것을 헤아려주길 바란다. 선택한 말 외에는 건네지 못하고, 선택받지 못한 나는 내가 아니다. 처음부터 선택하지 말걸. 선택해야 할 것이 준비되어 있는데도 선택하지 못하는 것은 오로지 자신의 무능 때문이니까. 그러니 더는 선택하고 싶지 않다.

우주에 발라드는 없다, 물가에서 애플파이를 가만히 씻는다.

저주하고, 축복하고 싶어

﹁

몽롱한 얼굴로 잠든 여성을 팔로 끌어안은 채 역동적으로 코를 후비는 청년을 본 적이 있다. 늦은 밤, 지하철 안 그 기세란 정말이지 역동적이라고밖에는 표현할 길이 없을 정도였다. 첫째 마디까지 쑥 들어간 검지는 콧속을 종횡무진 누볐고, 그에 맞춰서 코의 피부가 쭉쭉 늘어나고 있었다. 태아가 배 안쪽을 걷어찰 때의 움직임 같았다. 사자에 씨* 가족이 엔딩에서 우당탕탕 집 안으로 들어갈 때 들썩거리는 집 같았다.

----

* 1969년부터 지금까지 50년 넘게 방영되고 있는 일본의 TV 애니메이션.

여성은 자신의 머리 위에서 그런 역동적인 코 후비기가 펼쳐지고 있으리라고는 꿈에도 모른 채 여전히 몽롱하게 남자친구의 팔에 안겨 있었다. 남자는 오른손으로는 여자친구의 머리를 부드럽게 쓰다듬는 한편으로 왼손으로는 쉴 새 없이 자신의 코를 후볐다. 지하철 안에서는 샐러리맨이 이번 역에서 내릴 차비를 하고 있었고, 여자는 몽롱한 상태였고, 남자는 당당하게 코를 후비고 있었다. 샐러리맨, 몽롱, 후비적, 그러니 그 두 사람만이 다른 세상의 규칙에 따라 살아가고 있는 듯했다. 더러운지 아름다운지, 재미있는지 불쾌한지 종잡을 수 없는 광경이었다.

나는 그 광경을 이제 두 번 다시 볼 수 없다.

우리가 어떤 광경을 본다는 것은 그 광경이 내뿜는 빛을 안구가 받아들인다는 뜻이다. 안구로 들어간 빛이 시신경을 자극해서 세포 속 이온의 양을 변화시킨다는 뜻이다. 그 이온에 따라 전위를 디지털 신호로 변환해서 뇌까지 전달한다는 의미다. 따라서 뭔가를 본다는 것은 알고 보면 무척이나 미덥지 못한 현상처럼 느껴진다. 잊고 싶지 않은 광경, 몇 번이고 다시 보고 싶은 광경도 전기신호로 변환되어 떠내려갈 뿐, 그것을 담아두기란 불가능하다. 아무리 한평생 눈에 새겨두고 싶어도 시각세포에 모인 전하를 고스란히 읽어내 보존하기란 불가능하다.

이토록 간편하게 영상을 기록할 수 있는 세상임에도 본다는 것은 여전히 미덥지 못하다. 팬케이크도, 설치미술도, 여름 축제도, 영원히 곁에 남겨두고자 셔터를 누르지만 그럼에도 역시나 찍고 또 찍어도 무척이나 미덥지 못하다. 앞으로 기술이 발전해서, 가령 망막의 전하를 그대로 읽어내 기록할 수 있더라도 역시나 본다는 것은 변함없이 미덥지 못한 행위다. 하지만 미덥지 못하기에 본다는 행위는 지금 이 순간을 살아가는 우리와 계속 함께할 수 있는 것이라는 생각도 든다.

영문도 모른 채, 정신을 차리고 보니 어머니를 얼싸안은 채 울고 있던 적이 있다. 대학교 전기시험前期試驗에 떨어지고 밑져야 본전이라는 마음으로 쳤던 후기시험 결과가 나왔을 때였다. 결과는 온라인으로 발표되었다. 아버지는 없었기에 조용한 집에서 어머니는 "나는 못 볼 것 같으니 혼자서 보렴" 하고 냉정하게 말했다. 나나 어머니나 모두 차분했지만 실은 전혀 그러지 못했다. 방에서 말없이 컴퓨터를 켰다. 심호흡과 함께 조심스레 눈을 게슴츠레 떠보니 내 수험번호가 보였다. 뭐라 소리를 지르고는 정신을 차려보니 이미 거실에서 울며 어머니를 얼싸안고 있었다. 불 꺼진 거실에서는 오후의 햇살이 몇 차례 아스라이 반사되며 방 안을 채우고 있었고, 그처럼 나와 어머니도 재차 확인하듯이 작은 숨을 짧게 연신 토해냈다.

나는 그 광경을 이제 두 번 다시 볼 수 없다.

굴절되어 있으면서 올곧고, 소란스러우면서도 고요하고, 파멸적이면서도 행복한 연극을 본 적이 있다. 연극 동아리인 동기의 작품이었다. 예전에 그런 유리구슬을 가지고 있었다. 투명한데 맞은편이 보이지 않고, 서늘한데 인간적이고, 자연의 얼굴을 하고 있으면서 부자연스럽게 동그란. 그런 연극이었다. 그 모순을 하나하나 정성스레 그러모아서 모조리 긍정해나가는 듯한 연극이었다. 눈길을 돌리는 관객도 있거니와 눈물을 멈추지 못하는 관객도 있는 연극이었다. 굉장한 광경을 본 듯한 느낌이 들지만 대체 무엇이 어떻게 굉장했는지는 언제나 잘 생각이 나지 않았다.

살아가기 위해 연극을 시작한 그는 살아가기 위해 연극을 그만두었다. 그래서 나는 그 광경을 이제 두 번 다시 볼 수 없다.

그렇지만 너희를 그 누구보다 깊게 사랑한 이가 이 세상에 있다는, 혹은 있었다는 사실은 영원토록 너희에게 필요한 것이라고 나는 생각한다. … 그러므로 나는 이 글을 너희 앞으로 써둔다.*

생명체는 끊임없이 순환하지 않고서는 존재할 수 없다. 일단 전원을 끄고 충전하기란 불가능하다. 그러니 존재한다는 것, 이 자리에 있다는 것도 사실은 무척이나 미덥지 못한 현상이리라. 한번이라도 끊어졌다간 그대로 게임오버이기에, 끊어져버릴 것 같다면 끊어지기 전에 멈춰 설 수밖에 없기에, 그래서 살아 있는데도, 살아 있기에 우리는 어쩔 수 없이 뭔가를 잃어버린다. 살기 위해 잃어버린다, 아니, 잃어버리기 위해 산다. 뭔가를 만든다는 것은 고통스러워서, 아무리 애를 쓴들 물리적 사실이어서, 그저 아름다운 것만이 있었다고 인정하기만 해서는 안 되기에, 미덥지 못하다.

블루 라이트를 뒤집어쓰며 글을 쓰는 나는 어디로 가는 것일까. 파도가 들이치는 물가처럼 현도県道는 소리를 내고

---

* 아리시마 다케오有島武郎,《어린 자식들에게》.— 원주

있었고, 밤이었다. 들이닥치고, 멀어지고, 마찬가지로 타임라인이 넘실거린다. 일본의 모두가 알고 있는 예능인이 죽었다. 모두가 알고 있는데도, 그럼에도 그와는 무관하게 죽었다. 누군가는 그 사실에 한껏 슬퍼하고, 누군가는 모스버거의 신메뉴에 대한 이야기를 하고 있었다.

너희는 작년에 1명의, 단 1명뿐인 어머니를 영원히 잃었다. 너희는 태어난 지 얼마 안 되어 생명에서 가장 소중한 양분을 빼앗기고 만 것이다. … 너희는 불행하다. 회복할 길이 없는 불행이다. 불행한 나의 자식들아.

인생은 승산 없는 서바이벌 게임이다. 수많은 것을 희생해가며 살아남고, 승리하고, 동료가 생기고, 그러면 그것만으로도 충분할 텐데, 그런데도 마지막에는 반드시 어째서인가 모두 게임오버다. 예전에 그런 게임이 있었다. 오락실에 있던 슈팅 게임으로, 형하고 둘이서 얼마 안 되는 잔돈을 집어넣고 안간힘을 쓰며 마지막까지 클리어하지만 엔딩 마지막에는 역시나 'GAME OVER'라는 표시와 함께 끝이 나는 게임. 인생도 그런 느낌이다.

그러니 모두 훨씬 절망할 만도 한데…. 마지막에는 반드시 패배가 확정된 이상한 게임에 어느 샌가 참가당하고, 그런 주제에 내일 있을 일은 언제나 짐작조차 할 수 없고, 멍하니 있는 것도 허용되지 않고, 눈앞의 풍경은 계속해서 스쳐 지나가는, 그 사실에 좀 더 분개할 만도 한데.

그런데 모두들 그렇게나 살아가고 있다. 좋아하는 전자 담배를 피우고, 착용감이 좋은 낡은 옷 따위를 골라 입고, 영화를 보고, 아로마를 피우고, 바질을 곁들이고, 샤워헤드를 바꾸고, 아이라이너를 그리며 그렇게나 긍정적으로 살아간다. 빛나고 있다. 미덥지 못하다는 것은 다시 말해 구원이기도 하다. 우리는 쉽게 망가지는 것밖에 아껴주지 못한다.

나는 필시 그런 것을 저주하고, 축복하고 싶은 것이리라.

어머니와 성모마리아 그림을 본 적이 있다. 대학교 전기 시험의 합격자 발표를 보기 위해 둘이서 상경했을 때였다. 라파엘로의 그림이 우에노에 와 있었다. 나는 태어나서 처음으로 제대로 된 그림을 보았다. 뭔지는 모르겠지만 좋은 느낌이 들었다. 무척이나 좋은 느낌이었다. 그림에 대해서도, 기독교에 대해서도 문외한이지만 무척이나 반짝이고 있음은 알 수 있었다.

전기시험의 합격자 발표에 내 수험번호는 없었다. 기뻐 날뛰는 친구들에게 찬물을 끼얹지 않으려 조심스레 어머니와 함께 발표장을 뒤로 했다. 말없이 후기시험 접수를 마치고 그대로 한동안 거리를 걸었다. 나는 아마도 세상의 종말을 맞이한 듯한 얼굴을 하고 있었을 테다. 그런 내 얼굴을 본 어머니는 "우울한 표정일랑 집어치우고 얼른 후기시험이나 준비해야지, 이 답답아!"라는 식으로 말했다. 말투는 그렇지 않았지만 내게는 그렇게 들렸다. 성모마리아와는 너무나도 동떨어진 대사였다. 내 풀 죽은 얼굴은 순식간에 굳었고, 덕분에 빠르게 긴장감을 되찾을 수 있었다. 만약 어머니가 성모마리아였다면 나는 그대로 망가졌을지도 모른다.

후기시험의 본고사를 칠 때, 정문 앞에 멈춰 선 채 어머니는 내게 손바닥을 내보였다. 따귀라도 맞는 건가 싶었지만 온화한 얼굴이었다. 마치 하이파이브를 하듯 나와 손바닥을 맞댔다. 누가 먼저랄 것도 없이 '응' 하고 소리를 냈다. '네' 하고 작은 목소리로 대답했다. 행운을 부르는 행위도, 루틴도 뭣도 아닌, 그 자리에서 문득 떠오른 듯한 들뜬 행동이었다. 뭔지는 모르겠지만 좋은 느낌이 들었다. 무척이나 좋은 느낌이었다.

나는 그 광경을 이제 두 번 다시 볼 수 없다.

무대 뒤에서 우주를 엿본 적이 있다. 대학 연극 동아리 공연 때였다. 무대 뒤에는 무대로 빛이 새나가지 못하게끔 발밑이나 간신히 보일 정도의 조명이 켜져 있었다. 좁은 무대 뒤에서 저마다 숨을 죽인 채 연극이 시작되기를 기다리고 있었는데, 그래서인지 가까이 있었음에도 모두가 멀게 느껴졌다. 혼자였다. 연극이 시작됨을 알리는 곡이 울려 퍼지며 머리 위의 조명이 천천히 꺼졌다. 빛나는 알갱이가 드문드문 떠올랐다. 암전되었을 때 표식이 되는 형광 테이프였다. 도심의 밤하늘 같았다. 그 자체가 하나의 작품인 것 같았다. 우주 안에서 지구는 너무나도 고독하다.

그가 만든 연극은 굴절되어 있으면서 올곧고, 소란스러우면서도 고요하고, 파멸적이면서도 행복했다. 검게 칠한 모자이크처럼 이상하고 희한한 안경을 쓰고 확성기로 소리를 지르거나, 폭음 같은 음악 속에서 마구 날뛰며 누군가를 큰 목소리로 축복하기도 했다. 나는 여동생에게 집착하는 짜증스러운 오빠 역이었다. 늘 여동생을 성가셔하지만 마지막 순간에는 오빠다운 모습을 보여주는, 믿지 않은 녀석이었다. 그는 내게 그 역을 맡겼다.

그는 연극이 없으면 죽어버릴 듯한 사람이었다. 그냥 하는 얘기가 아니라 정말로 죽어버릴 것만 같았다. 연극을 무대에 올려 삶을 이어나가던 사람이었다. 그의 내면에 자리한 모순을 하나하나 정성스레 그러모아 모두 거칠게 긍정해나가는 것 같았다. 그는 자신의 작품을 보고 있을 때가 가장 즐거운(고통스러운) 듯한 표정을 짓고 있었다. 그래서 그가 연극을 그만둔 것을 나는 진심으로 저주하고(축복하고) 싶다.

내 어린 자식들아. 불행한, 그리고 동시에 행복한 너희의 아빠와 엄마의 축복을 가슴에 간직하고 인생 여정에 오르거라. 갈 길은 멀다. 그리고 어둡다. 그러나 두려워하지 말거라. 두려워하지 않는 자에게 길은 열린다.
가라. 용감하게. 내 어린 자식들아.

머리 위의 형광등 불빛이 꺼지자 빛나는 알갱이가 드문드문 떠올랐다. 충전 중임을 알리는 파란색 LED, 초록색 LED, 현관 옆 스위치의 오렌지색 표시등, 텔레비전의 빨간

색 대기 표시등. 잠들기 전의 원룸에서 우주를 엿본다. 우주 안에서 지구는 너무나도 고독하다. 나는 이 방에서 몇 번이고 그 생각에 잠긴다. 이토록 속수무책으로 고독함에도 인류는 여전히 이어지고 있다. 이토록 속수무책으로 고독하기에, 인류는 여전히 이어진다.

"어쩔 수 없지"라고 잘라 말하지 못했다. "수고했어"라고는 말하기 싫었다. 하지만 생명은 연속적으로밖에는 존재할 수 없다. 멈춰 서면 그대로 끝나버리기 때문에 우리는 계속해서 걸어 나갈 수밖에 없다.

인생은 승산 없는 서바이벌 게임이다. 추한지 아름다운지, 유쾌한지 불쾌한지 도무지 알 수 없는 게임이다. 그러니 하다못해 살아 있는 동안에는 이 게임을 있는 힘껏 저주하고, 축복하고 싶다. 어째서 이토록 손쓸 도리 없이 허무한지, 눈부신지, 겁을 내며 두려워하며, 그 무상함이나 존귀함에 분노하며 빠져들며, 있는 힘껏 저주하거나 축복하고 싶다.

거인의 허리에 매달리다

아마 신주쿠의 허름한 술집이었을 것이다. 그날은 고등학생 시절의 친구와 다카오산에 등산이라도 가자 했다가, 막상 전날이 되자 바쁘다느니 뭐라느니 하다 결국 둘이서 술이나 마신 날이었다. 두 사람 모두 대학원에 들어가고 1년 정도 지났을 무렵이었다. 연구에 대한 이야기를 하고 있었다.

"우리 교수님의 전매특허인데 말이야."

허름해 보이지만 전석 개인 룸이 갖추어진 술집이었다.

"'Ph.D'는 'Doctor of Philosophy'니까. 직역하면 '철학박사'잖아."

주위 학생들은 착실하게 취업 활동으로 직장을 구하고

있는 가운데, 우리는 모두 대학에 남아 박사과정에 진학하려 했다.

"그러니까, 연구에도 자신의 철학이 없으면 안 된다는 거야."

그 개인 룸은 전석 개인 룸이라는 말이 무색할 정도로 공간이 허술하게 나누어져 있었다.

"네 연구, 왠지 철학이 안 느껴져."

주변이 그다지 시끄럽지 않았기에 친구의 목소리는 무척이나 뚜렷하게 들렸다. 대학원에 들어가고 1년 정도 지났을 무렵인지라 나는 그 친구의 말에 대꾸할 말을 찾지 못했다. "그래, 듣고 보니 그러네" 하며 조용히 먼 곳으로 시선을 옮겼다. 그때의 나는 나의 연구가 누군가에게 도움이 된다는 말은 그냥저냥 할 수 있었지만, 연구를 하려는 동기 따윈 생각해본 적이 없었다.

연구란 대체 무엇일까, 내게 연구란 무엇일까, 내가 연구를 하는 의미란 무엇일까, 나는 무엇을 하고 싶은 것일까, 빙글빙글빙글빙글. 그렇게 허름한 술집을 나왔고, 나는 비척거리며 오다큐선小田急線 열차를 타고 집으로 돌아왔다.

연구란 대체 무엇일까, 과학자가 하는 일이란 대체 무엇일까, 아마도 사람들 대부분은 그다지 상상이 가지 않을 것이다. 이렇게 말하는 나조차 직접 연구를 하기 전까지는 후쿠야마 마사하루福山雅治*가 미친 듯이 도로에 수식을 써갈기는 영상 정도밖에는 떠오르지 않았다. 그래서 신기했다. 그렇게나 후쿠야마 마사하루는 순식간에 문제를 해결하건만, 현실 속 연구실이란 곳에서는 연구자들이 아침부터 밤까지 할 일에 쫓기는 것 같은데 왜 고작 한 가지 문제를 해결하는 데 그렇게나 긴 시간이 걸리는 걸까, 할 일이 뭐 그리 많은 걸까 싶었다.

다만 실제로 해보면 알겠지만 연구란 무척이나 시간이 걸리는 작업이다. 가령 나처럼 우주비행체 제어를 연구하는 분야에서는 제어공학이나 기초 역학을 철저하게 공부한 후, 아이디어를 짜내고 시뮬레이션용 프로그램을 제작해서 제대로 제어되는지를 확인한다. 제대로 되지 않았다면 또 다른 아이디어를 짜내는 식으로 시행착오를 거치면서 제대로 제어되는 방식을 찾아내는데, 그렇게 해서 제대로 제어하는

---

*   일본의 배우이자 가수. 대표작은 미스터리 소설가 히가시노 게이고의 소설을 영상화한 〈갈릴레오〉 시리즈로, 각종 미스터리한 사건을 해결하는 과학자 역할을 맡았다.

몇 가지 패턴을 찾아낸 것만으로 아직 완성된 연구라고는 할 수 없다. 아니, 그때부터 비로소 연구가 시작된다 해도 과언이 아니다.

왜 그 패턴에서는 제대로 제어되었을까, 반대로 제대로 제어되지 않는 경우는 없을까, 제대로 되는 경우와 되지 않는 경우의 경계선은 어디일까, 조건을 어떻게 바꾸면 좀 더 제대로 제어할 수 있을까, 다른 방식으로는 제어가 불가능할까, 다른 방식으로도 가능하다면 그 방식은 어떤 점에서 나은 것일까, 반대로 무엇이 뒤떨어진 것일까, 아니, 애당초 제어에 성공했다 해서 무슨 가치가 있는 것일까, 등의 문제에 하나하나 대답해나가며 비로소 연구는 형체를 이룬다.

입시 공부는 해결한 시점에서 끝이지만, 연구는 해결한 이후부터가 본 게임이나 마찬가지다. 한걸음 발을 내딛고는 주변을 비추고, 발치를 단단히 다지고, 어느 곳을 향해 나아가고 있는지를 연신 두리번거리며 확인하고, 그제야 체중을 실어 한걸음을 내딛는다. 수식을 마구 휘갈기는 화려한 이미지에서는 상상도 할 수 없을 정도로 연구는, 과학은 신중하고도 꾸준하게 한걸음 한걸음을 쌓아나간다.

대체로 한걸음의 연구 보폭은 좁지만 전 세계의 연구자

들이 오랫동안 쌓아온 한걸음 한걸음으로 과학은 터무니없이 먼 곳까지 우리를 끌고 왔다. 수십 광년이나 떨어진 행성에 생명이 살고 있는지를 조사하거나, 중력파에 따른 아주 미세한 공간의 왜곡을 관측하거나, 상공 400km의 궤도상에 축구장 크기의 거대한 실험실을 짓거나, 화성에서 드론을 자유자재로 날릴 수 있는 것은 그 한걸음 한걸음을 꾸준하게 다져온 선인들의 노력 덕분이다.

전망 좋은 7층 연구실에 들어서자 여느 때와 마찬가지로 커다란 서쪽 창문이 아침을 비추고 있었다. 컴퓨터 한 대만 있으면 집에서도 연구는 할 수 있지만 최근에는 연구실이 조금 그리워 매일 드나드는 중이다. 오전 9시 반, 아직 아무도 출근하지 않은 연구실. 완전한 개인 룸은 아니지만 책상을 경계선으로 나누어진 나의 영지에 걸터앉는다.

할 일은 변함없이 아침부터 산더미처럼 쌓여 있기에 곧바로 컴퓨터 전원을 올린 뒤 읽고 싶은 논문을 찾는다. 구글 논문 검색의 메인 화면에는 '거인의 어깨 위에 올라서다'라는 문장이 평범한 초록색으로 쓰여 있는데, 이는 먼 옛날에 뉴턴이 남긴 말을 인용한 것이란다. 그리고 그 검색창 안에는 수만·수억에 달하는 논문이 주르륵 채워져 있다. 지금까지 선인들이 꾸준하게 쌓아온 한걸음 한걸음은 뉴턴의 시대와는 비할 바가 안 될 정도로 거대한 거인을 만들어냈다.

네 연구에는 철학이 느껴지지 않는다는 말을 들었던 바로 그 무렵, 나는 그 거인이 무서웠다. 아무리 눈에 힘을 줘도 머리 꼭대기가 보이지 않는 그 거인이 괴물처럼 보였다. 매일같이 세계 어딘가에서 새로운 연구 성과가 발표되고, 그중 무언가는 '나의 수법은 이렇게나 굉장하다고!' 혹은 '내 연구는 이렇게나 가치가 높다고!'라거나, 그 논문에 실린 수십 편의 참고 논문 또한 역시나 전부 '봐라, 굉장하지?'라고 말하고 있다. 전문 서적에는 아직 모르는 내용이 산더미처럼 쓰여 있고, 그중 하나를 끝까지 읽었음에도 다른 책에는 또다시 모르는 내용이 산더미처럼 쓰여 있었다. 그 세계에서 '내 연구는 이렇게나 대단해!'라고 자신 있게 단언할 엄두가 나지 않았다. 과학은 위대하지만 때로 위대하다는 것이 두렵다.

거인의 어깨 위처럼 전망 좋은 7층 연구실 창밖에서는 착실하게 아침이 지나가고 있다. 선인들이 그리 해왔듯이 그 무렵부터 나 또한 한걸음 한걸음 새로운 것을 배워나갔고, 그 사이에 스스로도 과학을 한걸음 한걸음 전진시킬 수 있었다.

두렵게만 느껴졌던 거인은 부위 하나하나를 꼼꼼하게 뜯어보니 의외로 무서운 존재는 아니었다. 살갗에서도 확실히 체온이 느껴지는 거인은, 차갑고 딱딱한 쇳덩어리가 아니었다. 그날, 연구에도 철학이 필요하다던 친구의 말은 분명 이 체온을 가리키는 것이었으리라. 과학은 결코 차가운 이론의 집약체가 아니라 과학자 한 사람 한 사람의 개인적 열의로 이루어진 결정체일 것이다. 작은 한걸음을 쌓아나가며 나 또한 비로소 거인의 살갗을 직접 만질 수 있게 되었다. 어깨 위에 올라섰다기보다는 아직 허리춤 정도에 필사적으로 매달려 있는 느낌이지만 말이다.

플랫 어서flat earther라는 사람들이 있다. 평평한flat 지구earth, 즉 지구가 구체가 아닌 평면이라 주장하는 사람들을 말한다. 유독 미국에 많다지만 최근에는 일본에도 어느 정도의 플랫 어서가 존재하는 모양이다.

그들은 학교에서 배운 지식을 아무 의심 없이 받아들이는 사람들을 비판한다. 유튜브에는 그들이 지구가 평면이라 생각하는 다양한 이유를 설명하는 영상이 올라와 있다. 지구가 구체라는 것은 정부의 높은 분들이 세뇌한 결과이고,

우주비행사의 영상은 모두 와이어 액션이며, 우주선이 찍은 영상은 모두 CG에 불과하고, 아폴로가 월면에서 찍은 영상은 스튜디오에서 촬영한 것이며, NASA나 JAXA에서 일하는 우리 같은 연구자는 음모를 꾸미는 정부의 앞잡이로 일하는 공작원이라고 말한다. 그리고 그 영상을 본 과학자들이 맹렬하게 반론하는 영상이 올라오면 그 과학자들을 다시 비웃는 영상이 올라오면서, 그들과의 골은 점점 깊어져간다.

대부분의 구체론자球體論子들은 스스로는 무엇 하나 실증해내지 못했으면서 그저 시험에서 좋은 점수를 따는 것이 정의라고 말하는 주변의 가르침에 따라 교과서에 실린 내용을 맹신하고 있습니다. 그리고 텔레비전이나 컴퓨터에 비친 우주 영상에 로망을 느끼고 있죠.

또한 오랜 학교교육으로 심어진 권위 콤플렉스(교단이라는 한 단계 높은 위치에서 '선생'이라는 절대적 권위자가 매사를 일방적으로 전달한다＝냉정하게 생각하면 그야말로 사이비 종교)로 인해, 과학자나 NASA의 높으신 분이나 우주비행사가 이렇게나 엄청난 거짓말을 할 리가 없다고 '믿는 것'뿐이지 않을까요?

과학은 위대하지만 위대한 것은 때로 두렵다. 이미 거인의 모습은 한 인간이 전모를 둘러보기에는 너무나도 커졌기에 때때로 시커먼 그림자로만 보일 때가 있다. 만져보면 분명 체온은 느껴지지만 만질 수 있게 되기까지는 상당한 훈련이 필요한데, 우리에게는 쉬운 일이 아니다. 과학에 대한 불신은 앞으로도 계속 확산될지 모른다. 하지만 거인의 성장은 멈추지 않는다. 과학자는 연구를 멈추지 않는다.

지배층은 그러한 주장으로 우리 방목 노예의 세계관을 조작해 인간 따윈 우주의 티끌이다, 지구상에서 생활하는 '티끌 중의 티끌'이라는 무력감을 교묘하게 심고 있습니다.

그들이 비정상이라는 말은 분명 아니다. 필시 그들도 나와 마찬가지로 뭔가를 두려워했으리라. 그것은 분명, 마음대로 되지 않는 하루하루였고, 어찌할 방도가 없는 삶이었으리라, 그렇다, 그것은 비정상이었다. 고등학생 때 다니던 학원의 수학반 수업, 위에서 두 번째 반, 그 반은 무척이나 무서웠다. 세뇌와 같은 수업이었다.

선생님이 허락할 때까지 교과서에 손을 대서도 안 되고,

수업 중에 필기를 해서도 안 되고, 선생님이 하는 말에는 모두가 입을 모아 "네"라고 말해야만 하기에, 알았나요? 네, 좋아요, 네, 너희는 맨 윗반으로 올라갈 성적이 못 되죠? 네, 내가 오기 전에 다른 선생님 때는 성적이 오르지 않았죠? 네, 저 친구는 맨 윗반으로 올라갔죠? 네, 저 친구는 나를 믿었고요, 네, 그럼 누구를 믿어야 하는지 알겠죠? 네, 네, 네네네네네네네네네네네네네. 수업은 이랬다.

그 선생님의 반에 들어가면 성적이 오르기로 소문이 자자했고, 우리는 고등학생이어서 부모님의 돈으로 학원에 다니고 있었기에 마음대로 그만둘 수도 없었으며, 그 학원의 수업료는 무척이나 비쌌고, 많은 돈을 지불했으니 성적을 올려야만 했지만 실력이 부족해 윗반으로 올라가지는 못했고, 그래서 그 선생을 따를 수밖에 없었다. 일이 뜻대로 풀리지 않았고, 손쓸 도리가 없었고, 존엄성이 지켜지지 않았고, 무력했다.

아무튼 지배층이 거짓 주장을 펼치는 가장 큰 이유는 본래 존엄한 존재인 인간에게 '지구에게는 단순한 해충 내지는 쓰레기에 불과하다'라는, 악의로 가득 찬 각인을 새기는 것임을 꼭 깨달았으면 합니다.

제가 플랫 어스flat earth를 곳곳에서 계몽하는 가장 큰 이유 중 하나는 (저를 포함한) 노예층 여러분에게 '인간은 본래 존 엄한 존재이며, 지구(플랫 어스)는 인간을 위해 만들어진 거 대한 순환 에코 시스템이다'라는 사실을 일깨워주고 싶기 때문입니다.[*]

그렇다. 손쓸 도리가 없고 일이 뜻대로 풀리지 않을 때, 사람은 거대한 무언가에 몸을 의탁하고 싶어질지도 모른다. 그들에게는 그것이 플랫 어스이고, 누군가에게는 그것이 예 수 그리스도이며, 내게는 그것이 과학일지도 모른다. 그들 이 비정상인 것이 아니라, 필시 그들도 그저 나와 마찬가지 로 뭔가를 두려워하고 있고, 무력하고, 일이 뜻대로 풀리지 않는 것뿐일지도 모른다.

연구실의 커다란 서향 창문으로 해가 저문다. 수식을 화 려하게 휘갈기기는커녕 아침부터 밤까지 컴퓨터 앞에서 발

---

[*] 렉스 스미스, 《플랫 어스 초입문》, 주식회사히카루랜드(Kindle판), 112, 117~ 19쪽. ─ 원주

버둥 치다 하루가 끝이 난다. 오늘도 힘겹게 거인의 몸에 기어올랐지만 여전히 그 전모는 보일 것 같지 않다. 거인은 아무 말도 하지 않는다. 그러면서도 그 살갗에는 분명 열기가 깃들어 있음을 느끼기에, 역시나 미워할 수 없는 녀석이다.

나 자신이 설레기 위해 연구를 하고 싶다. 솔직히 말해 인류를 구하기 위해서라든가, 인류의 진보를 위해서라는 말은 전혀 와닿지 않으니까. 내게는, 내가 살아가는 이 순간이 가장 중요하기에, 그래, 그 시간 동안 한껏 두근거릴 수 있다면 행복하기에, 그러는 김에 그 개인적인 열의가 거인의 몸을 성장시킬 수 있다면 좋겠다고 생각한다. 그것이 이 손쓸 도리가 없고 뜻대로 풀리지 않는 세상 속에서 살아가는 나 나름의 저항이라 생각한다. 그것이 나 나름의 철학이라고 생각한다.

마치며

　《해리 포터》는 1권 1쪽에서 무릎을 꿇었다. 예전부터 문자 읽기가 고역이었다. 아직 해리가 등장조차 하지 않은 시점에서 읽기를 포기했기에 만약 누가 더즐리가 주인공이라고 했다면 거의 믿어버리지 않았을까. 당시 영화 〈해리 포터와 마법사의 돌〉이 개봉되었을 무렵이었다. 그 무렵부터 문자 읽기가 좀처럼 힘들었다.

　소설도, 단행본도, 제목이나 띠지에 끌려서 사보기는 하지만 다 읽은 적은 손에 꼽을 정도다. 누군가의 말에 귀를 기울이기는 좋아하지만 쓰여 있는 문자를 머릿속에서 정보로 변환하기가 도무지 쉽지 않았다. 열심히 눈으로 문자를 좇아가보았지만 아무리 좇아도 술술 새나간다. 죄다 새나가다 보니 무엇이 쓰여 있는지 이해를 할 수 없어 다시 첫 번째 줄로 돌아가지만 또다시 술술, 술술. 그렇게 술술 새나가는 문자를 좇아다니는 사이에 눈이 핑핑 돌기 시작하고, 결국 매번 읽기를 포기하게 된다.

나는 언어를 영상으로 처리하는 듯한 구석이 있다. 책을 읽을 때도 쓰여 있는 문자를 통해 머릿속에서 영상을 제작하고, 그것을 움직여 상황을 이해하곤 했다. 그래서 아무리 읽어도 영상이 떠오르지 않을 때는 조금도 이해할 수 없었다. 숫자도, 물리도, 대부분 수식을 영상으로 변환해서 받아들인다. 도형 문제처럼 시각적으로 해결할 수 있는 문제에는 특출했지만 빼곡하게 채워진 수식은 꼼꼼하게 영상화하지 않으면 역시나 술술 새나가고 말았다.

그래서 줄곧 뭔가를 말하고 싶었으나 그 뭔가를 글로 표현할 수 있으리라고는 생각지 않았다. 다 읽어본 적이 없으니까, 쓸 수 있으리라는 생각은 해본 적이 없었다. 뭔가가 허전한 생활을 보내는 사이에 뜻대로 정돈되지 않는 말은 주변에 잔뜩 쌓여갔지만 그것을 어떻게 남에게 전달하면 좋을지 몰랐다. 애당초 갈피를 잡기 힘든 개인적인 생각을 남에게 전달해도 될지, 그조차 알지 못했다. 그래서 일단은 꼬깃꼬깃하게 뭉쳐서 삶 속에 채워두고 있었다.

그때 우연히도 한 블로그가 눈에 들어왔다. 동아리 선배의 친구인 듯한 사람이 쓴 블로그였다. 얼굴도 이름도 모르는 사람이었지만 페이스북을 통해 우연찮게 그 블로그까지 흘러들었다. 별생각 없이 그 블로그를 읽어보고 깜짝 놀랐다. 선명했다. 재미있었다. 경쾌하지만 무게감이 있었다. 무엇보다 문장인 데도 막힘없이 읽을 수 있었다. 영상을 선명하게 재생할 수 있었다. 술술 새나가지 않고, 한 문장 한 문장의 촉감을 확인하며 한걸음씩 전진할 수 있었다. 깜짝 놀라 그대로 그 블로그에 쓰인 글을 단숨에 읽어냈다. 당시에는 분명 네다섯 편 정도의 글밖에 업로드되어 있지 않았지만 하나같이 막힘없이 읽을 수 있었다. 모르는 사람의 개인적인 일이 적혀 있는데도, 남의 일 같지 않은 긴장감이 느껴졌다. 그것이 에세이와의 만남이었다. 6년 전, 이 원룸으로 이사 오기 얼마 전의 일이었다.

'이 정도면 나도 한번 써보고 싶다. 이 정도면 나도 쓸 수 있겠다'라는 생각을 동시에 떠올렸다. 정돈된 문장 따윈 한번도 써본 적이 없는 주제에, 근거 없는 자신감이 생겼다. 그렇게나 선명한 문장과 이제껏 만나본 적이 없었기 때문이리라. 개인적 내용이라도 이토록 재미나게 쓸 수 있구나, 써도 되는구나, 남에게 전해도 되는구나 하고 처음으로 깨달았기 때문이리라. 그래서 꼬깃꼬깃하게 뭉쳐두었던 말을 하나씩 펼쳐 보았다. 꽤나 재미있는 내용이었다. 죄다 한심하거나 낯뜨거운 내용이기도 했지만 큰맘 먹고 누군가에게 보여주고 싶어졌다. 책으로 내겠다는 생각은 해보지도 않았다. 그저 푹 빠져 있었고 내게 꼭 필요했다.

이렇듯 블로그를 시작하고 3년 후, 이 책에도 실리게 될 연재를 시작했다. 도쿄대의 온라인 미디어 'UmeeT'의 스기야마 다이키 씨의 말에서 시작된 연재였다. 내가 마음대로 자질구레하게 써내려가던 블로그를 읽고는 "우리 쪽에서도 마음대로 써봐요" 하고 반짝반짝한 무대를 마련해주었다. UmeeT의 담당 편집자인 다케무라 나오야 씨는 늘 나의 원고에 가장 먼저 "이거 좋은데요!"라고 격려해주었고, 연재와 관련된 여러 시행착오에도 기꺼이 대응해주었다. UmeeT에서 연재한 '우주를 헤엄치는 사람'을 계기로 지난 3년간보다도 훨씬 많은 분들에게 글을 선보일 수 있었다. 이 연재가 없었다면 이 책을 출판할 계기도 없었을 것이다. 줄곧 나의 아군이 되어준 두 분께 진심으로 감사를 전한다.

그리고 다시 2년 후, 오타출판의 후지사와 지하루 씨가 책으로 내자는 제안을 했다. 처음에는 조언이라고만 생각해서 "언젠가 책으로 만들어지면 좋겠네요"라고 태평하게 대답한 내게 "조언이 아니라 같이 생각해보자는 거예요"라고 말해준 그때의 열의는 아직까지 잊히지 않는다. 'OHTABOOKSTAND'에서 연재할 때는 좀 더 다양한 시행착오를 시도해보았다. 후지사와 씨는 그 모든 시도를 긍정하며 요소요소에서 끈기 있게 개고改稿를 제안했다. 덕분에 연재 당시보다도 문장이 눈에 띄게 좋아졌다. 자신 있게 이 책을 내놓을 수 있었던 것은 분명 후지사와 씨 덕분이다.

책을 읽기가 고역이었던 만큼 내가 만드는 책만큼은 읽는 사람과의 거리가 멀어지지 않게끔 만들고 싶었다. 그 의도는 장정 담당인 스즈키 지카코 씨가 꼼꼼하게 구현해주었다. 표지 그림의 복작복작한 느낌은 정말로 내 부산스러운 원룸 같아서 무척이나 마음에 들었다.

무엇보다 내가 멋대로 써내려간 문장을 재미있게 읽어주신 독자 여러분에게 감사를 드린다. 읽기가 고역이었다고

마치며   229

한 주제에 남에게는 이렇게나 긴 문장을 '읽어줘' 하고 부탁만 하게 된다. 그렇기 때문에 시간과 감정의 리소스를 할애해준 데에 진심으로 감사를 느낀다. 읽는 것이 당연한 일이 아님을 잘 알기에 진심으로 말이다.

이 책에는 내 가족에 관한 몇 가지 에피소드가 실려 있다. 그러니 가족에게는 폐를 끼친 셈이다. 나도 모르게 괜한 이야기까지 쓴 탓에 가족을 불편하게 한 적도 있었다. 그럼에도 내 가족은 내가 마음대로 글을 쓸 수 있게끔 인정해주었다. 인생의 여러 국면에서 가족은 언제나 나의 선택을 존중해주었다. 이게 얼마나 큰 행운인지, 장엄한 우연인지를 나이를 먹으면서 한층 강하게 실감한다.

지금 내 머릿속에는 이 책에 관여한, 나아가서는 나의 인생에 관여한 여러 사람의 얼굴이 뚜렷하게 떠오른다. 그러니, 문자 읽기가 고역이어서 다행이었다. 문자 읽기가 고역이었기에 이렇게나 선명한 영상이 언제든 내 안에 존재할 수 있었다. 문자 읽기가 고역이었기에 나는 이 선명한 영상을 되도록 선명한 상태로 문장에 새기고자 노력할 수 있었다. 그러니 《해리 포터》를 읽지 못해 다행이다. 아니, 그래도

《해리 포터》 정도는 읽어보고 싶다. 아직 더즐리밖에 못 봤으니까.

　나 자신이 어디까지 쓸 수 있을지, 어떤 글을 쓸 수 있을지, 좀 더 시도해보고 싶다. 그러니까 앞으로도 다양한 영상을 문장에 새겨보려 한다.

원룸에서 우주를 보다

—

1판 1쇄 인쇄 2024년 7월 25일
1판 1쇄 발행 2024년 8월 5일

—

지은이 구보 유키
옮긴이 곽범신

—

펴낸이 김동식
펴낸곳 반니
주소 서울시 강남구 영동대로 502
전화 02-6004-9304
전자우편 banni@interparkshop.com
출판등록 제2024-000108호

—

ISBN 979-11-6796-182-2 03400

—